Jürgen Hesse
Hans Christian Schrader

Die perfekte Bewerbungsmappe

für Führungskräfte

Die besten Beispiele erfolgreicher Kandidaten

berufsstrategie

Eichborn

Die Autoren

Jürgen Hesse, geboren 1951, geschäftsführender Diplom-Psychologe im *Büro für Berufsstrategie,* Berlin.
Hans Christian Schrader, geboren 1952, Diplom-Psychologe in Berlin.

Diverse gemeinsame Veröffentlichungen, u.a.: *Neue Bewerbungsstrategien für Führungskräfte*; *Assessment Center*; *Handbuch Schriftliche Bewerbung*; *Handbuch Vorstellungsgespräch*; *Arbeitszeugnisse*; *Small Talk*; *Garantiert mehr Gehalt?* (alle im Eichborn Verlag).

Anschrift der Autoren

Hesse/Schrader
Büro für Berufsstrategie
Oranienburger Straße 4–5
10178 Berlin
Tel. (030) 28 88 57-0
Fax (030) 28 88 57-36
www.berufsstrategie.de

Verlag und Autoren bedanken sich bei den Fotografierten und den Fotografen Regine Peter, Tel. (030) 8 55 34 25 und Antonius, Tel. (030) 7 85 50 78.

2 3 4 07 06 05

Umschlaggestaltung: Christina Hucke
Redaktion für die Überarbeitung: Carsten Keller, Mainz
Satz: Oliver Schmitt, Mainz
Druck und Bindung: Fuldaer Verlagsanstalt, Fulda

ISBN 3-8218-3867-1

Verlagsverzeichnis schickt gern:
Eichborn Verlag, Kaiserstraße 66, D-60329 Frankfurt am Main
www.eichborn.de

Inhalt

Die perfekte Bewerbungsmappe – Originalbeispiele erfolgreicher Bewerber

Herzlich Willkommen in diesem Buch der Bewerbungsratgeber-Reihe von Hesse/Schrader. Es handelt sich weniger um ein Lese- als um ein »Schau«-Buch. Es will Sie anregen und ermutigen, neue, kreative Formen schriftlicher Selbstdarstellung bei Ihrem Bewerbungsvorhaben zu entwickeln.

Wer sich bewirbt, macht Werbung in eigener Sache, für die eigene Person, für die dem Arbeitgeber angebotene Dienstleistung. Sie wollen Ihr Know-how, Ihre Arbeitskraft »vermarkten«. Mit der schriftlichen Bewerbung geben Sie eine Art Visitenkarte und, noch wichtiger, eine allererste Arbeitsprobe und erzeugen damit einen ersten Eindruck bei Ihrem potenziellen Arbeitgeber, Ihrem eigentlichen »Kunden«, dem »Einkäufer« der von Ihnen angebotenen Arbeitskraft. Dass dieser wichtige erste Eindruck positiv sein und Ihnen zu einer Einladung zu einem Bewerbungsgespräch (d. h. in diesem Sinne auch »Verkaufsgespräch«) verhelfen soll, ist das erklärte Ziel.

Und wie wichtig so eine Einladung zum Vorstellungsgespräch für Sie sein kann, brauchen wir wohl kaum weiter auszuführen. Geradezu unverständlich ist es deshalb, mit wie wenig Engagement, Einfallsreichtum und kreativen Gestaltungsmöglichkeiten sich heutzutage die allermeisten Kandidaten in ihren Bewerbungsunterlagen präsentieren.

Genau hier setzt dieses Buch an. Es zeigt anhand ausgewählter Beispiele interessant gestalteter Bewerbungsunterlagen, welche Vielfalt an Möglichkeiten Ihnen bei der schriftlichen Selbstdarstellung eigentlich zur Verfügung steht.

In unserem Büro für Berufsstrategie beraten und unterstützen wir tagtäglich Bewerber in ihren Bemühungen, einen adäquaten Arbeitsplatz zu »erobern«. Unter unseren Klienten sind vor allem Fach- und Führungskräfte. Daher sind die hier präsentierten Bewerbungsmappen keine unerprobten Fantasieprodukte – bei allen notwendigen Veränderungen zur Anonymisierung. (Alle Namen, Daten und Fakten wurden so verändert, dass Ähnlichkeiten mit real existierenden Personen rein zufällig wären.)

Auf den folgenden Seiten präsentieren wir Ihnen die Bewerbungsunterlagen (ohne Zeugnisse etc.) von 14 Kandidatinnen und Kandidaten. Leider können wir Ihnen nicht die Papiersorten (Art und Farbe) sowie die verschiedenen Bindesysteme »vorführen«. Dies ist bedauerlich, weil auch der haptische Eindruck (das Gefühl beim Anfassen des Papiers und der gesamten Mappe) ein ganz wesentliches Qualitätsmerkmal erfolgreicher Bewerbungsunterlagen darstellt.

Aus technischen Gründen haben wir diesen Mappenbeispielen nur Schwarzweißfotos beigefügt. Wir empfehlen sie aber auch im Bewerbungsalltag eher als Farbfotos.

Am Ende jeder Mappe lesen Sie einen Kommentar, der Gelungenes oder Verbesserungswürdiges reflektiert und vielleicht Ihren Blick für die Analyse Ihrer eigenen Entwürfe schärft.

Im letzten Kapitel finden Sie eine Kurzfassung zur Theorie der Gestaltung schriftlicher Bewerbungsunterlagen. Unsere Beiträge zur Initiativbewerbung, zum Stellengesuch und zum Einsatz des Internets runden dieses Schau-Buch ab. Bitte vergessen Sie bei allen Anpassungsbemühungen Folgendes nicht:

Wir sind nicht auf der Welt, um so zu sein, wie andere uns haben wollen.

gabriel grünwald-gerlach
stresemannstraße 27 • 10963 berlin • 0 30 - 2 81 22 22

g. grünwald-gerlach • stresemannstraße 27 • 10963 berlin

Herrn

Dr. Bruno Mayer

Mayer Marketing GmbH
Berliner Platz 3–7

34119 Kassel

Berlin, 19.11.2003

Initiativbewerbung
DV, Marketing und organisatorische Problemlösungen

Sehr geehrter Herr Dr. Mayer,

auf Empfehlung von Herrn Heinrich wende ich mich direkt an Sie und überreiche Ihnen meine Bewerbungsunterlagen.

Meine Arbeits- und Fähigkeitsschwerpunkte liegen auf den Gebieten EDV, Marketing und Organisation. Ich habe Führungserfahrung und bin auf dem IT-Sektor durch autodidaktische Studien und gezielte Fortbildungen auf einem aktuellen und umfassenden Wissensstand.

Aus persönlichen Gründen strebe ich eine Tätigkeit im Raum Kassel an.

Über die Gelegenheit zu einem persönlichen Gespräch freue ich mich.

Mit freundlichen Grüßen

G. Grünwald-Gerlach

Anlagen

Bewerbungsunterlagen
für Herrn Dr. Bruno Mayer
Mayer Marketing GmbH

von Gabriel Grünwald-Gerlach
EDV-Fachmann
Stresemannstraße 27, 10963 Berlin
Telefon: 0 30 / 2 81 22 22
0171 / 3 35 88 92
E-Mail: gabriel@geocities.com

geboren am 16. Oktober 1964
in Zürich

schweizerische und deutsche
Staatsangehörigkeit

verheiratet, ortsunabhängig
wir haben einen 10-jährigen Sohn

gabriel grünwald-gerlach • bewerbungsunterlagen • seite 1

Gabriel Grünwald-Gerlach, 39 Jahre alt

Ich biete Ihnen ...

Problemlösungen in den Bereichen
EDV, Marketing und Organisation.
Mein Arbeitsstil ist geprägt durch ...

- schnelles Auffassungsvermögen
- einen geübten Blick für das Wesentliche
- ein hohes Maß an Selbstständigkeit, Disziplin und Eigenverantwortung
- die Fähigkeit, schnell innovative Lösungen zu finden

Beruflicher Hintergrund

seit Feb. 2002	Paritätischer Wohlfahrtsverband Berlin Leiter IT und Marketing Internet- und Spendenmarketing Öffentlichkeitsarbeit und Organisation bei der Vorbereitung der Jubiläumsfeierlichkeiten Vernetzung der EDV-Anlage, Systemadministration und Schulung der 100 Mitarbeiter
1997–2001	Systemadministrator und Verantwortlicher für EDV-Lösungen bei der Deutschen Kaufmännischen Akademie, Berlin
1994–1997	EDV-Systembetreuung und Netzwerk-Administrator beim Katholischen Jugendwerk, Berlin
1994	Mitarbeit in der Abteilung Programmierung beim Software-Haus Picosoft, Berlin Umsiedlung nach Berlin
1989–1993	Mitarbeit bei der Verlagsdruckerei Projekt 90 in Zürich Organisation, EDV, Grafik, Satz und Fotografie Leiter der Bildredaktion bei der Zeitung »Die Nachricht« in Zürich
1986–1989	Software-Entwicklung unter Fortran IV im Bereich Industrial Engineering an der Technischen Universität, Zürich

Schulbildung

1984–1986	Zugangsprüfung zur technischen Fachhochschule Abschluss (Abitur) als EDV-Ingenieur
1981–1984	Berufsbildende Fachoberschule Ausbildung zum Programmierer
1971–1981	Grund- und Realschule in Zürich

Weiterbildung

2000	Informationstechnologische Akademie Berlin: »Marketing und Digitales Marketing mit allgemeiner Betriebswirtschaftslehre« Abschlussnote 1,4
1998	Weiterbildung an der Freien Universität Berlin: »EDV-Anwendung in der kaufmännischen Sachbearbeitung« Abschlussprüfung bei der IHK Berlin: Abschlussnote 1,25

Besondere Kenntnisse

EDV	vertiefte Kenntnis des Betriebssystems Windows XP LAN- und DFÜ-Netzwerk unter Windows 2000/NT umfassende Kenntnis des Betriebssystems MS-DOS sehr gute Kenntnis der Umgebung Windows ME/2000/XP alle gängigen Office-Professional-Anwendungsprogramme vertiefte Erfahrungen im Einsatz von Corel Draw, Adobe Photoshop und Quark Express bei der Herstellung von grafischen Erzeugnissen Programmierumgebung Turbo Pascal und Delphi
Fotografie	berufliche Erfahrungen bei der Zeitung und im Verlagswesen Reportage und Illustration mehrere Ausstellungen von digital verfremdeten Bildern
Sprachen	Englisch, Italienisch, Französisch
Hobbys	Computer-Grafik, Verfremdung von Bildern, Fraktalgrafik, Multimedia, Fotografieren und Bergwanderungen in den Alpen
Beruflich ...	**bin ich flexibel und offen für**

- projektbezogene oder globale Aufgaben im IT-Bereich
- Voll- oder Teilzeit-Beschäftigung
- freie oder feste Mitarbeit

Berlin, 19.11.2003 G. Grünwald-Gerlach

 → *Kommentar Seite 10*

Verzeichnis der Zeugnisse

Zu den Unterlagen von Gabriel Grünwald-Gerlach

Eine Initiativbewerbung, die sich im **Anschreiben** auf eine persönliche Empfehlung bezieht, die kurz und knapp auf den Punkt bringt, was der Kandidat anzubieten hat, und Bewerbungsmotive benennt. Ein gelungenes Beispiel für einen prägnanten Auftakt.

Die Briefkopfgestaltung (Variante: Kleinschreibung) fällt durchaus positiv auf, ist aber sicherlich Geschmackssache. Insgesamt eine gute Demonstration, dass sich das Anschreiben auf wenige Zeilen beschränken kann, wenn man weiß, welche Botschaft man vermitteln will, und die folgenden Unterlagen entsprechend aufbereitet sind.

Einzige minimale Kritik: Der Kandidat verwendet die unterschiedlichen Abkürzungen DV, EDV und IT. Besser wäre die Verwendung einer einheitlichen Abkürzung.

Ein weiterer Punkt: Bei der Bewerbung ist es nicht gerade optimal, wenn die E-Mail-Adresse nur aus dem Vornamen besteht. Es gibt zwar Schlimmeres … muss aber nicht sein.

Vielleicht etwas ganz Neues für Sie in einer Bewerbungsmappe: Das **Deckblatt** als Eröffnung der eigentlichen Bewerbungsunterlagen. Es übernimmt bereits Informationsfunktionen, die früher traditionell der Lebenslauf hatte. Schon hier auf dem Deckblatt wäre ein Foto denkbar.

Unser Kandidat hat sich für ein **Foto** auf der nächsten Seite fast mittenzentriert auf der Kante des Haupttextes entschieden. Darunter sein Name, Alter und sehr präzise sein persönliches Dienstleistungsangebot im Rahmen dieser Bewerbung.

Diese und die folgende Seite seines Lebenslaufs (hier ohne derartige Überschrift) sind dramaturgisch sehr interessant gestaltet und übermitteln wichtige Informationen auf höchst angenehme Art und Weise. Vielleicht neu für Sie: die so genannte »amerikanische« Form der Lebenslaufgestaltung, die nicht mit dem Kindergarten und der Grundschule beginnt, sondern mit der aktuellen beruflichen Position. Besser kann man einen Überblick über den eigenen Werdegang, kombiniert mit wichtigen »Werbebotschaften« in eigener Sache, kaum gestalten.

Nach der Aufzählung der Hobbys kommt der Bewerber noch einmal – und auch das ist an dieser Stelle eine Novität – auf sein Angebot zurück.

Auch die Fußzeile ist ein hübsches Gestaltungselement, das durch einen Hinweis auf den Beruf (»EDV-Fachmann«) noch aufgewertet werden könnte. Sehr lesefreundlich: das Verzeichnis der beigefügten Zeugnisse, die wir hier aus Platzgründen weglassen.

Zum **Foto**: Der Kandidat präsentiert sich klassisch mit einem Schwarzweißfoto. Auch die Kleidung ist konservativ, unspektakulär. Alles in allem angenehm, angepasst, ohne Risiko. (Die in diesem Buch abgebildeten Personen stehen mit den Bewerbungsunterlagen und den darin aufgeführten Daten nicht in Beziehung. Wir danken den Fotografen und den »Fotomodellen« für ihre freundliche Unterstützung.)

Noch ein Hinweis: Beim Unterschreiben sollte der Vorname immer voll ausgeschrieben werden (Anschreiben und Lebenslauf).

Einschätzung
Ein gelungenes Beispiel für eine Initiativbewerbung. Die interessante Präsentation der eigenen »Werbebotschaft« verdient ein klares »gut«, wenn nicht sogar eine bessere Beurteilung.

Hans Habermas

Diplom-Betriebswirt

Manpower Personaldienstleistungen
Personaldirektion
Dr. Franke
Wiesbadener Str. 40

51065 Köln

München, 31. Dezember 2003

Bewerbung als Niederlassungsleiter
Ihre Anzeige im Kölner Tageblatt vom 28.12.2003

Sehr geehrter Herr Dr. Franke,

nach dem freundlich-informativen Telefonat mit Herrn Müller-Berger erhalten Sie hier meine Bewerbungsunterlagen. Im Folgenden eine kurze Darstellung meiner Person:

- Diplom-Betriebswirt, Kommunikationstechniker, 40 Jahre alt
- über 10 Jahre IBN-Berufserfahrung, Gebietsleiter (Teamleiter)
- hochmotiviert, leistungsstark und zielorientiert
- Erfahrung in Personaldienstleistungen

Meine Gehaltsvorstellung liegt im Bereich 70 TEUR p.a. Ein optimaler Eintrittstermin wäre für mich der 1. April 2004.

Über eine Einladung zu einem persönlichen Gespräch freue ich mich.

Mit freundlichen Grüßen und allen guten Wünschen für das neue Jahr

Hans Habermas

Anlagen

Mohrstraße 73 • 80939 München

0 89 / 8 81 49 03 • habermas@t-online.de

Bewerbungsunterlage
Kennziffer 229

Manpower Personaldienstleistungen

Hans Habermas

Diplom-Betriebswirt

 ➔ *Kommentar Seite 18*

Hans Habermas

Diplom-Betriebswirt

Hans Habermas

Mohrstr. 73
80939 München

Tel.: 0 89 / 8 81 49 03
E-Mail: habermas@t-online.de
geboren am 13. August 1963 in Berlin
ledig, keine Kinder

Resümee
berufliche und persönliche Kenntnisse, Erfahrungen und Fähigkeiten

IBN
Vom Trainee bis zum Gebietsleiter (Umsatz EUR 12 Mio.) habe ich mir, aufbauend auf dem Betriebswirt-Studium, wichtige Kenntnisse und Fertigkeiten in der freien Wirtschaft angeeignet.

USA
Auslandserfahrung, mit Abschluss eines „High School Diploma“, hat meinen Horizont wesentlich erweitert.

ZIEL
Zu meinen wichtigen persönlichen Eigenschaften gehört die Fähigkeit, mir Ziele zu setzen, um diese dann gemeinsam mit meinen Partnern zu erreichen.

Mohrstraße 73

80939 München

Hans Habermas

Diplom-Betriebswirt

Lebenslauf

Berufspraxis

Juli 1996 Dez. 2003		IBN Communication Deutschland, München Gebietsleiter für die NBL Vertriebsbeauftragter
		• Gebietsleiter (Teamleiter für eine 4er Gruppe) Umsatzverantwortung von EUR 12 Mio. p.a. Betreuung der autorisierten Händler
		• Portefeuille-Analysen und Erarbeitung von Marketingstrategien Vertriebsbeauftragter für Multimedia
		• Projektleiter für Industriemessen
		• Projektleitung für die Neuentwicklung von CD-ROMs auf dem Telefonmarketingsektor
März 1993 Juni 1996		IBN Communication Deutschland, Frankfurt a.M. Bereich Feinmarketing
		• Leitung eines Projektes für den Europäischen Markt im Bereich der Bankautomation • Planung der Logistik und Materialbestellung
Okt. 1988 Dez. 1990		Job-Zeitarbeit GmbH, Hamburg Bereichsstellenleiter

Mohrstraße 73

80939 München

 ➔ *Kommentar Seite 18*

Hans Habermas

Diplom-Betriebswirt

Studium und Berufsausbildung

Sept.	1991	Schule für Kommunikation und EDV, Nixdorf A.G.
Febr.	1993	Abschluss: Kommunikationstechniker
Jan.	1991	Auslandsaufenthalt in Canberra, Australien
Aug.	1991	Sprachintensivkurs
Okt.	1985	Fachhochschule für Wirtschaft, Hamburg
Sept.	1988	Abschluss: Diplom-Betriebswirt

Schulausbildung

Aug.	1982	Oberstufenzentrum für Wirtschaft, Hamburg
Dez.	1983	Abschluss: Abitur
Aug.	1981	Austauschschüler in den USA
Juli	1982	High School in Baltimore/USA
		Abschluss: High School Diploma
Sept.	1970	Carl-von-Ossietzky-Grundschule, Hamburg
Aug.	1974	Heinrich-Heine-Gymnasium, Hamburg

Weitere Tätigkeiten

von	1981	zur Finanzierung des Studiums Tätigkeiten im Gastronomiebereich sowie
bis Dez.	1986	Wissenschaftlicher Mitarbeiter bei Steuerberater Wilske, Hamburg

Engagement und Hobbys

Leitung einer Jungengruppe im Paritätischen Wohlfahrts-
verband München (Ausbildung zum Jugendleiter)

Golf und Tauchen
Mitglied im Golfclub Hohenkremmen

München, 31.12.2003 Hans Habermas

Mohrstraße 73

80939 München

Hans Habermas

Diplom-Betriebswirt

Wie ich wurde, was ich bin

Meine privaten und beruflichen Aufenthalte in angloamerikanischen Ländern wie den USA und Australien prägten nachhaltig meinen Wunsch, in einem amerikanisch geführten Unternehmen zu arbeiten.

In über zehn Jahren vielseitiger IBN-Erfahrung, zunächst als Trainee und später als Gebietsleiter im Vertrieb, konnte ich mir einen sehr guten Überblick über das Zusammenspiel der verschiedenen Bereiche in einem Unternehmen erarbeiten. Mit Kundenkontakten auf jeder Ebene, Verkauf und Logistik bin ich bestens vertraut. Umsatz- und Marketingziele sind für mich persönliche Herausforderungen, denen ich mich gern und mit hohem Engagement stelle.

Teamgeist, Durchsetzungsvermögen und Lernbereitschaft kennzeichnen mich ebenso wie meine Fähigkeit, guten Kontakt zu Mitmenschen aufzubauen, um gemeinsam mit ihnen etwas zu bewegen, zu erreichen.

Hans Habermas

Mohrstraße 73

80939 München

Hans Habermas

Diplom-Betriebswirt

Anlagen

- Zeugnis IBN Communication Deutschland, München
- Zwischenzeugnis IBN Communication Deutschland, Frankfurt a. M.
- Kurzbeschreibung der Firma Job-Zeitarbeit GmbH
- Zeugnis Nixdorf A.G., Schule für Kommunikation und EDV
- Urkunde Diplom-Betriebswirt
- Sprachschul-Zertifikat, Canberra, Australien
- Diplom Baltimore High School, USA

Mohrstraße 73

80939 München

 → *Kommentar Seite 18*

Zu den Unterlagen von Hans Habermas

Ein prägnantes, sehr übersichtliches **Anschreiben** zur Eröffnung. Die persönliche Ansprache und der Text weisen auf ein vorab geführtes Telefonat hin, das dem Bewerbungsvorhaben sicherlich dienlich ist. Die gelungene Kurzpräsentation der vier wichtigsten Botschaften ist wirklich beispielhaft: beruflicher Ausbildungshintergrund und Alter, Berufserfahrung, persönliche Eigenschaften, spezielle berufliche Kenntnisse.

Die dann vorgetragenen Daten zur Gehaltsvorstellung und zum frühesten Eintrittstermin waren in der Anzeige explizit erbeten. Der Kandidat hatte keine Chance, sich hier weiter »bedeckt« zu halten, hat aber auch dieses Problem kurz und präzise gelöst. Die Neujahrswünsche sind auf Grund des Datums angemessen.

Das **Deckblatt** ist klar und übersichtlich und bietet evtl. bereits Platz für das Foto. Die präsentierten Angaben sind für Empfänger wie Absender gut gewählt (z. B. Verzicht auf die Anschrift des Empfängers, Weglassen der Telefonnummer des sich bewerbenden Absenders).

Die sich anschließende **Erste Seite** mit persönlichen Daten und Resümee überrascht in ihrer klaren, informativen und präzisen Gestaltung. Hier ist auch ein guter Platz (neben den Sozialdaten) für das Foto. Die gewählte Überschrift (Resümee) mit Erklärungszeile sowie die drei folgenden Kurztitel der Info-Blöcke verführen zum Lesen und sind inhaltlich auch wirklich spannend gestaltet. Da bringt einer sehr wirksame Botschaften rüber! Grafisch exzellent gestaltet, lässt sich mit kurzem Blick das Wesentliche schnell erfassen, wird man neugierig auf die folgenden Seiten. Schon jetzt sind die Weichen für den Kandidaten positiv gestellt. Ebenfalls sehr angenehm: die kleine ästhetische Kopfzeile mit Namen und Berufsbezeichnung. Der Leser der Unterlagen weiß also ständig, mit wem er es zu tun hat.

Apropos Ästhetik: Wenig Text und viel an weißer Seite lassen die Beschäftigung mit den Unterlagen nie schwer oder mühevoll erscheinen. Die geschickte Schrifttype und -art (Fettung, Groß- und Kleinschreibung) trägt ganz wesentlich dazu bei.

Beim **Lebenslauf** wird mit der Berufspraxis und den neuesten Daten begonnen. Dieser Lebenslauf beinhaltet wieder alle wichtigen Eigenschaften: interessante, präzise Informationen, sehr ästhetisch und damit leicht lesbar präsentiert, also keine Bleiwüste. Der Bewerber hat keine Angst vor dem weißen Papier.

Die nächste Seite informiert über Studium, Berufs- und Schulausbildung und endet mit Informationen zu Engagement und Hobbys.

Für die von uns so genannte **Dritte Seite** wurde eine recht provokant wirkende Überschrift gewählt, die aber durch den folgenden Inhalt gerechtfertigt erscheint. Die Gliederung und die relativ kurzen Absätze machen den Text nicht nur gut lesbar, sondern tragen mit dazu bei, die Botschaft glaubwürdig zu vermitteln. Die hier getroffenen Aussagen runden den guten Eindruck des Bewerbers ab und führten übrigens in der Bewerbungsrealität zu einer ganzen Serie von Einladungen – mit der Konsequenz, dass sich der Kandidat unter mehreren attraktiven Arbeitsplatzangeboten das interessanteste aussuchen konnte.

An dieser Stelle, liebe Leserin, lieber Leser: Haben Sie bemerkt, dass sich unser Kandidat aus einer eben eingetretenen Arbeitslosigkeit beworben hat?

Zum **Foto**: Schon etwas außergewöhnlicher, was Ausschnitt und Format anbetrifft.

Zu guter Letzt: Das Anlagenverzeichnis ist »kunden-«, weil lesefreundlich.

Einschätzung
Top.

Manfred H. Manther
Staatl. geprüfter Hotelbetriebswirt

Kurfürstenstr. 6
54295 Trier
Tel. (07 82) 6 92 28 92

Herrn
Direktor Schmidt
Hotel Schweizerhof
Hardenbergplatz 1

10623 Berlin

Trier, 13.10.2003

Bewerbung für die Position des Verkaufs- und Marketingleiters im Hotel Schweizerhof in Berlin

Sehr geehrter Herr Schmidt,

vielen Dank für das informative Telefonat am heutigen Nachmittag.
Wie besprochen hier meine vollständigen Bewerbungsunterlagen.

Ich bin Betriebswirt für das Hotel- und Gaststättenwesen
(Studium in Dortmund an der Wirtschaftsfachschule),
42 Jahre alt, ursprünglich gelernter Koch
und zurzeit in einem Hotel mit 335 Betten in Trier
als Verkaufsleiter in ungekündigter Stellung tätig.

Aus persönlichen Gründen möchte ich mein Wirkungsfeld nach Berlin verlagern
und bin sehr interessiert, Ihr Haus und das für mich sehr reizvolle Aufgabengebiet
Verkauf und Marketing im Hotel Schweizerhof kennen zu lernen.

Auf eine persönliche Begegnung mit Ihnen freue ich mich

und grüße Sie herzlich aus Trier

Manfred H. Manther

Anlage

Manfred H. Manther
Staatl. geprüfter Hotelbetriebswirt

Kurfürstenstr. 6
54295 Trier
Tel. (07 82) 6 92 28 92

Bewerbungsunterlagen

als Verkaufs- und Marketingleiter
Hotel Schweizerhof, Berlin

 → _Kommentar Seite 25_

Lebenslauf

Zur Person:	Manfred H. Manther staatlich geprüfter Betriebswirt für das Hotel- und Gaststättenwesen geboren am 11.09.1961 in Stuttgart verheiratet, zwei Kinder, 8 und 10 Jahre alt
Angestrebte Position:	Direktor Verkauf und Marketing
Ausgangssituation:	seit 01.1999 Verkaufsleiter in ungekündigter Position Kongresshotel Königshof Trier, ein 335-Betten-Haus Personalverantwortung: 10 Mitarbeiter Etatverantwortung: 850 TEUR

Beruflicher Werdegang

07/94–12/98	**Verkaufsleiter / stellv. Geschäftsführer** ABC-Hotel GmbH, Berlin-Tiergarten
07/91–06/94	**Direktionsassistent** Astro Hotel, Wiesbaden
04/88–08/89	**Stellvertretender Küchenchef (Sous-Chef)** Hotel-Restaurant Poch, Bellingen
07/87–03/88	**Chef-Entremetier / Chef de Rotisseur** Hotel-Restaurant Poch, Bellingen
01/85–08/86	**Kfm. Angestellter Verkauf (Gastronomie), Abteilung Food** REWE-Süd-Großhandel, Spellbach
04/83–12/84	**Chef-Entremetier** Hotel-Restaurant Rössle, Waldenburg bei Stuttgart
04/82–03/83	**Demi-Chef Entremetier** Hotel Hirsch, Fellbach/Schwarzwald
01/81–03/82	**Grundwehrdienst als Feldkoch / Sanitätssoldat** 1. Sanitätsbatallion 10, Wesslingen/Neckar
07/77–07/80	**Ausbildung zum Koch** Höhenhotel Berghaus, Lindach/Neckar

→ *Kommentar Seite 25*

Seminare und Praktika

09/96	– Controlling – Produkt-Marketing und -Werbung – strategische Unternehmensführung Seminare bei der Unternehmensberatung Bednarz-Hell, Berlin
03/94	**Public Relations im Hotel- und Gaststättengewerbe** Karla Dicks, Chefredakteurin NGZ, Service Manager
01/91	Prüfung zum **»Anerkannten Fachberater für Deutschen Wein«** Deutsches Weinbauinstitut, Mainz
01–06/91	**Reservierungs- und Verkaufsabteilung** Praktikum Hotel v. Korff, Berlin-Charlottenburg
07–10/90	**Reservierungs- und Empfangsabteilung** Praktikum im Astro Hotel, Wiesbaden

---

Schulische und berufliche Ausbildung

08/68–06/77	Grund- und Hauptschule in Willingen
07/77–07/80	Ausbildung zum Koch im Höhenhotel Berghaus, Lindach/Neckar
09/86–06/87	Weiterbildung: Berufsoberschule Heilbronn (Fachschulreife)

Fachschulstudium

09/89–06/91	Wirtschaftsfachschule für Hotellerie und Gastronomie, Berlin
25.06.1991	Abschlussprüfung zum staatlich geprüften Betriebswirt für das Hotel- und Gaststättenwesen mit bestandener Ausbildereignungsprüfung Studienfächer: – Betriebswirtschaftslehre – Betriebliches Rechnungswesen – Touristik- und Hotel-Marketing – Angewandte Datenverarbeitung (EDV) – Technologie des Hotel- u. Gaststättengewerbes – Praxisorientierte Fallstudien – Rechts- und Steuerlehre – Englisch / Französisch – Berufs- und Arbeitspädagogik (AEVO)

 → *Kommentar Seite 25*

Sprachkenntnisse	Englisch in Wort und Schrift (fließend) Französisch (gute Kenntnisse)
EDV-Kenntnisse	Reservierungssystem »Fidelio-Micro«, »HORES«, »RIO 80862« Windows 2000/XP, MS-Office Professional
Engagement	Voll-Mitglied in der Hotel Sales and Marketing Association (HSMA), German-Chapter, Region 1
Sonstiges	Führerschein Kl. 3
Hobbys	mein Beruf, hier insbesondere Marketing und Werbung Blues und Jazz-Musik (ich spiele Schlagzeug) Reisen / Fotografieren / mit Holz arbeiten
Was Sie sonst noch über mich wissen sollten	Meine Handlungsweise ist geprägt vom Umgang mit Menschen, sowie dem Streben nach optimaler Dienstleistung und größtmöglicher Zufriedenheit der mir anvertrauten Gäste. Mein Denken wird dabei selbstverständlich auch von betriebswirtschaftlichen Zahlen bestimmt. Ökonomische Zusammenhänge schnell zu erfassen und analytisch auszuwerten, um auf dieser Basis nach neuen, effektiveren Lösungen zu suchen, ist Grundlage meiner unternehmerischen Aktivitäten.

Berlin, 13.10.2003

 → *Kommentar Seite 25*

Jean van Jellek • Vaalser Str. 99 • 52074 Aachen • 02 41 - 7 82 28 35

Jean van Jellek • Vaalser Str. 99 • 52074 Aachen

Baumann Unternehmensberatung
Herrn Klein
Mindener Str. 37

40227 Düsseldorf

03-06-01

Senior Product Manager UE
Ihr Klient: Sony Deutschland GmbH

Sehr geehrter Herr Klein,

die Position, die Sie mir gestern telefonisch beschrieben haben, interessiert mich in besonderem Maße.

Auf Grund meines Studiums der Wirtschaftswissenschaften sowie meiner Erfahrung in der Marketing-Abteilung der REWE-UE halte ich mich für diese Position bestens geeignet. Hier betreute ich speziell die Markteinführung neuer Produkte mit der Schwerpunktaufgabe Koordination.

Sicher wird mir diese Erfahrung bei der schnellen Einarbeitung in die Vertriebsorganisation der Sony Deutschland GmbH von Vorteil sein.

Zu dem von Ihnen mir telefonisch genannten Termin kann ich beim Assessment Center in Düsseldorf dabei sein.

Gerne würde ich mich Ihnen vorab persönlich vorstellen.
Auf Ihre Einladung dazu bin ich gespannt und grüße Sie freundlich aus Aachen

Anlage

 → *Kommentar Seite 32*

Jean van Jellek • Vaalser Str. 99 • 52074 Aachen • 02 41 - 7 82 28 35

Bewerbungsunterlagen

als Senior Product Manager UE

für Sony Deutschland GmbH
vertreten durch
Baumann Unternehmensberatung
Herrn Klein

Jean van Jellek • Vaalser Str. 99 • 52074 Aachen • 02 41 - 7 82 28 35

Lebenslauf

Persönliche Daten

Jean van Jellek, 38 Jahre,
Wirtschaftswissenschaftler Schwerpunkt Marketing/Vertrieb,
geboren am 02.07.1964 in Venlo,
Nationalität deutsch, verheiratet, ein Kind.
Meine Frau arbeitet als Englisch-Lehrerin in der Hauptschule.

Berufstätigkeiten

2000 bis dato	REWE-UE, Aachen Export-Abteilung Organisation und Aufbau des Vertriebs in den Niederlanden
1996–1999	Peterson Consulting, Aachen Einführung eines Controlling-Systems
1992–1995	Freiberufliche Tätigkeit als Unternehmensberater Marketingkonzepte, Absatzförderung für Mittelstandsunternehmen im Großraum Ruhrgebiet
1987–1992	Studentischer Mitarbeiter der Werbeagentur Konzept in Aachen Marktforschung, Erarbeitung von Absatzkonzepten für Vertriebsunternehmen der Unterhaltungsbranche
1983–1986	Ausbildung zum Groß- u. Außenhandelskaufmann Vobis Microcomputer AG, Aachen Mitarbeit am Projekt: „Organisation der Absatzwirtschaftlichen Planung in den Niederlanden“
1980–1982	Mitarbeit im elterlichen Handel für elektronische Geräte in Venlo Verkauf, Einkauf, Warendisposition

 → *Kommentar Seite 32*

Jean van Jellek • Vaalser Str. 99 • 52074 Aachen • 02 41 - 7 82 28 35

Berufsausbildung

1987 – 1992	Studium der Wirtschaftswissenschaften Schwerpunkt Marketing/Vertrieb Abschluss: Diplom-Ökonom Gesamthochschule Aachen Diplomarbeit zum Thema: „Wechselbeziehungen der verschiedenen Märkte auf die gesamteuropäische Wirtschaft“ Beurteilung: sehr gut

Weiterbildung

03.2002	Euro und Absatzwirtschaft 3-tägiges Seminar beim Bildungsinstitut der Europäischen Union in Brüssel
10.2000	Kooperative Führung 2-tägiges Seminar der van Straaten Unternehmensberatung in Emden
06.1999	Unterhaltungsmarketing 1-wöchiges Seminar der Goldmann Unternehmensberatung in Venlo
11.1998	Qualitätsmanagement ISO 9000 10-tägiger Abendkurs der DAA Aachen
03.1996	Französisch-Intensivkurs 2-wöchiger Abendkurs der DAA Aachen
07.1995	Absatzförderung im europäischen Handelsraum 2-tägiges Seminar in Brüssel

Besondere Kenntnisse

EDV	Microsoft Office, SPSS
Sprachen	Niederländisch, Englisch und Französisch fließend
Hobbys	Free-Climbing in den Alpen, Motorrad, Jazz, Japanische Küche

Es entspricht meiner Wesensart, Konzepte und Strategien vor allem im Team der Kollegen zu entwickeln, um dann mit meinem eigenen organisatorischen Geschick und meiner Überzeugungskraft ihre kreative Umsetzung zu betreiben. Durch meine Berufspraxis und mein Studium kann ich die mir übertragenen Aufgaben qualifiziert und innovativ umsetzen. Meine Weiterbildung steht für ausgeprägte Lernbereitschaft.

Jean von Jellek

03-06-01

 → *Kommentar Seite 32*

Jean van Jellek • Vaalser Str. 99 • 52074 Aachen • 02 41 - 7 82 28 35

Anlagen

Zeugnisse

Zwischenzeugnis REWE-UE, Aachen
Arbeitszeugnis Peterson Consulting, Aachen
Arbeitszeugnis Werbeagentur Konzept, Aachen
Urkunde Diplom-Ökonom, Gesamthochschule Aachen
Ausbildungszeugnis Groß- und Einzelhandelskaufmann

Bescheinigungen Weiterbildungsseminare

Euro und Absatzwirtschaft, Brüssel
Kooperative Führung, Emden
Unterhaltungsmarketing, Venlo
Qualitätsmanagement ISO 9000, Aachen
Französisch-Intensivkurs, Aachen
Absatzförderung im europäischen Handelsraum, Brüssel

 → *Kommentar Seite 32*

Zu den Unterlagen von Jean van Jellek

Der Bewerber hat mit dem zwischengeschalteten Personalberater Kontakt aufgenommen und preist sich im Anschreiben ein bisschen ungeschickt an. Vor dem anberaumten Assessment Center wünscht er sich eine persönliche Begegnung mit dem Personalberater. Wie realistisch und sinnvoll ist dieser Wunsch? Ziemlich ungeschickt ist auch der nicht vorhandene Zeilenumbruch in der Abschlussformel »und grüße Sie freundlich …«, das macht sich in einer neuen Zeile besser.

Die neumodische Datumsgestaltung ist zwar korrekt (Jahr – Monat – Tag), aber der Zeit weit voraus und deshalb aus heutiger Sicht (Stand: Ende 2003) ein Risiko. Wer weiß, ob der Empfänger dies nicht aus reiner Unkenntnis für einen Fehler hält.

Das **Deckblatt** ist gut gestaltet, und an dieser Stelle muss sicherlich auch die Kopf- und Absenderzeile lobend erwähnt werden. Jedoch fehlt leider die Berufsbezeichnung. Dies könnte unter Umständen als Hinweis auf eine mangelnde berufliche Identität oder zumindest als Unsicherheit interpretiert werden.

Die erste Seite des **Lebenslaufs** ist schlicht gestaltet, und die beiden Blöcke Persönliche Daten und Berufstätigkeiten könnten grafisch besser voneinander abgesetzt sein. Dennoch ist der Text unter der Überschrift Persönliche Daten eine gute Form der Selbstdarstellung.

Die zweite Seite ist noch einfacher gehalten und wirkt fast langweilig. Hier gilt für die Überschriftengestaltung das Gleiche wie für die erste Seite. Ist Ihnen aufgefallen, dass wir nichts über die Schulausbildung des Kandidaten erfahren, dafür aber das Thema der Diplomarbeit? Ob bewusst oder nicht – es geht offensichtlich auch ohne diese Dokumentation.

Auf der dritten Seite wird das generelle grafische Gestaltungsproblem (unbefriedigende Überschrift/Text-Anordnung) besonders deutlich. Diese Seite wirkt lediglich durch die unten angefügte Botschaft halbwegs interessant. Leider ist dieser Textbaustein nicht von der gleichen Qualität wie die bisher kennen gelernten. Hier fehlt auch jede Überschrift.

Ob damit wirklich ein positiver Aufmerksamkeitseffekt erzielt werden kann, ist fraglich. Also nicht um jeden Preis etwas schreiben, um leere Stellen zu füllen, sondern: Qualität geht vor Quantität. Dann folgt wieder das »neumodische« Datum, zu dem wir unsere Bedenken bereits geäußert haben.

Das **Anlagenverzeichnis** macht einen guten Eindruck.

Zum **Foto**: Nicht sorgfältig ausgewählt. Ohne Krawatte macht der Bewerber einen sehr unglücklichen Eindruck. Das Foto lässt ihn nicht unbedingt als Sympathieträger erscheinen. Unten zwei Alternativvorschläge, die deutlich werden lassen, was sich bei diesem Kandidaten besser machen ließe.

Einschätzung
Bei durchaus vorhandenem Potenzial sind die Unterlagen noch verbesserungsfähig und deshalb in dieser Form nur knapp »befriedigend«.

Alternativbilder** zu den Bewerbungsunterlagen von Jean van Jellek. Vergleichen Sie dazu das **Bewerbungsfoto** auf* ***→ Seite 27.

Barbara Behrends

Bärenstraße 94
31200 Oberwesel
Tel. 02 01 - 12 34 56

Kino-Center Hamburg GmbH
Herrn Mertens
Neue Straße 176
20148 Hamburg

Oberwesel, 11. März 2003

Ihre Anzeige im Hamburger Abendblatt: Betriebsleiter/Betriebsleiterin

Sehr geehrter Herr Mertens,

wie schön, dass Sie eine für mich so interessante Position zu besetzen haben. Mein bestehendes Arbeitsverhältnis war befristet und lief zum 31. Dezember aus. Ich suche also zum 1. April – bei Bedarf auch früher, wenn Sie es wünschen – ein neues spannendes Betätigungsfeld.

In der Vergangenheit habe ich viel mit Personal und Management in der Hotellerie und im Tourismus zu tun gehabt. Ein sehr kommunikatives Arbeitsfeld, dem meine ganze Sympathie und große Begeisterung gehört. Ich fand es immer schon reizvoll, mit vielen Menschen nach außen und innen zu kommunizieren, um so eine Dienstleistung perfekt zu managen.

Hinzu kommt noch, dass Hamburg die Geburtsstadt meines Mannes und damit für uns absolute Favoritin in Deutschland ist. Ich suche deshalb ganz gezielt eine Stelle an Alster und Elbe. Und an dem Kino-Center Hamburg reizen mich besonders die vielfältigen Aufgaben eines solchen Unternehmens.

Wir sollten also miteinander sprechen. Für einen Vorstellungstermin stehe ich Ihnen gern jederzeit zur Verfügung. Rufen Sie mich einfach an oder schreiben Sie mir. Ich freue mich darauf!

Mit freundlichen Grüßen

Barbara Behrends

Bewerbung

als	Betriebsleiter Kino-Center
Anlagen	Bewerbungsschreiben Persönliche Daten Tabellarischer Lebenslauf Zeugniskopien

Barbara Behrends
Hotelfachfrau
Bärenstraße 94
31200 Oberwesel

☎ 02 01 - 12 34 56

 ➔ *Kommentar Seite 45*

Persönliche Daten

Name:	Barbara Behrends
Anschrift/Tel.:	Bärenstraße 94 31200 Oberwesel ☎ 02 01 - 12 34 56
Letzte Tätigkeit:	Kurdirektorin Bad Wesel
Gehalt:	EUR 40.000 p. a.
Einsatzbereit ab:	April, evtl. früher
Geburtsdatum/-ort:	11. Juli 1967 / Marburg
Familienstand:	verheiratet, 2 Kinder, 4 und 5 Jahre alt
Schulabschluss:	Abitur US-High-School-Diplom
Berufsausbildung:	Hotel Meyer, Berlin 3 Jahre Management-Training
Besondere Kenntnisse:	Ausbilderprüfung PC mit gängiger Anwendersoftware Führerschein Kl. III
Fremdsprachen:	Englisch fließend in Wort und Schrift Französisch gut

Tabellarischer Lebenslauf

Datum von	bis	**Praktische Tätigkeit**	**Sonstiges**
1984	1985	**Ein Schuljahr im Ausland** Winter Haven, Florida/USA	US-High-School-Diplom
1978	1987	**Goethe Gymnasium, Hamburg**	Abitur
10.87	11.90	**Meyer Hotel, Berlin** – 3 Jahre Management-Training Fernstudium „Educational Institute of the American Hotel Association“	Zertifikate: siehe Anhang
12.89	02.90	**Hotel Lancaster, Paris, Frankreich** – im Rahmen der Berufsausbildung als Assistent der 1. Hausdame	
12.90	04.93	**Meyer Hotel, Davos, Schweiz** – Finanzbuchhalter bis 10.92 – stv. Verwaltungsleiter ab 12.92	Seminar „Führen durch Zielvereinbarung“
06.93	12.93	**Meyer Hotel GmbH, Frankfurt** Hauptabteilung Rechnungswesen – Verwaltungsleiter-Trainee, Bereiche Lohnbuchhaltung und Personalwesen	
01.94	03.95	**Meyer Hotel, Augsburg** – Verwaltungsleiter / kaufm. Leiter	EDV-Schulungen „Multiplan“ und „Minerwas“
04.95	06.96	**Weiter-Reisen, Basel** – Verkaufsleiter	
07.96	12.96	**Zeitarbeit GmbH, Hamburg** – Sachbearbeiter Röntgen Systeme GmbH, Hamburg	
01.97	05.97	**Röntgen Systeme GmbH, Hamburg** – Sachbearbeiter Abt. Internationales Marketing Radiographie	
06.97	10.97	**Veranstaltungsmanagement GmbH, Berlin** – Projektleiter	
11.97	01.98	**ohne Beschäftigung**	
02.98	06.99	**Pear Werbeagentur GmbH, Berlin** – Assistent der Geschäftsführung	
07.99	31.12.02	**Bad Wesel Kurzentrum** – Kurdirektor (Leiter des Kurbetriebes)	Ausbilderprüfung
01.01.03	bis heute	**auf Arbeitsuche**	

 → *Kommentar Seite 45*

Barbara Behrends • Bärenstraße 94 • 31200 Oberwesel • Tel. 02 01 - 12 34 56 • Mobil 01 75 - 32 31 30

Kino-Center Hamburg GmbH
Herrn Mertens
Neue Straße 176

20148 Hamburg

Oberwesel, 11. März 2003

Betriebsleiterin Kino-Center Hamburg
Ihre Anzeige im Hamburger Abendblatt vom 2./3. März 2003

Sehr geehrter Herr Mertens,

in einem Telefonat mit Ihrem Büro erfuhr ich heute, dass das Auswahlverfahren für die zu besetzende Position noch nicht abgeschlossen ist. Sie beschreiben in Ihrer Anzeige eine Herausforderung, die mich sehr interessiert.

Seit Jahren bin ich als Führungskraft mit Personal- und Budgetverantwortung in Unternehmen der Hotellerie und Touristik tätig. Dabei konnte ich Kommunikationsstärke, Teamfähigkeit und Organisationsgeschick beweisen. Überdurchschnittliche Flexibilität und Einsatzbereitschaft runden mein Profil ab.

Ich strebe eine Führungsposition mit einem zu mir passenden Anforderungsprofil an.
Als meine besonderen persönlichen und beruflichen Stärken empfinde ich:

- Erfahrung in der Führung und Motivation von Mitarbeitern,
- gutes Organisations- und Verhandlungsgeschick,
- Leistungsbereitschaft, Erfolgswille und Durchsetzungsfähigkeit.

Es würde mich freuen, wenn Sie mich nach Prüfung meiner Bewerbungsunterlagen zu einem Vorstellungsgespräch einladen. Hier könnten wir weitere Details wie Eintrittstermin und Gehaltsfragen besprechen.

Mit freundlichen Grüßen

Barbara Behrends

Anlagen

Barbara Behrends • Bärenstraße 94 • 31200 Oberwesel • Tel. 02 01 - 12 34 56 • Mobil 01 75 - 32 31 30

Bewerbung

als Betriebsleiterin

für Kino-Center Hamburg GmbH
Herrn Mertens
Neue Straße 176

20148 Hamburg

es folgen Überblick
Resümee
Werdegang
Anlagen

Überblick

 → *Kommentar Seite 45*

Barbara Behrends • Bärenstraße 94 • 31200 Oberwesel • Tel. 02 01 - 12 34 56 • Mobil 01 75 - 32 31 30

Überblick

Personendaten	Alter	35 Jahre
	geboren am	11. Juli 1967 in Marburg
	Familienstand	verheiratet, zwei Kinder
Werdegang	letzte Tätigkeit	Kurdirektorin Bad Wesel
	Berufsausbildung	Betriebsassistentin Hotellerie
	Schulabschluss	Abitur/US-High-School-Diplom
aktuelle Situation	Fortbildung	Digitales Marketing/Internet
	»WWW.Akademie« Kassel	4-wöchiger Vollzeitkurs
Kenntnisse	Fremdsprachen	Englisch fließend
		Französisch gut
	Ausbilderprüfung	
	PC mit gängiger Software	
	Führerschein Klasse 3	
Interessen	Sport: Reiten, Jogging	
	Werbung und Gestaltung	
	Psychologie	
Gehaltswunsch	40–45 TEUR p. a.	

Resümee

Barbara Behrends • Bärenstraße 94 • 31200 Oberwesel • Tel. 02 01 - 12 34 56 • Mobil 01 75 - 32 31 30

Resümee

Ich bin	ein optimistischer Mensch mit ausgeprägtem Selbstvertrauen und einem hohen Maß an Eigeninitiative. Es ist meine Überzeugung, dass alles wirklich Gewollte im Leben machbar ist. Entscheidungen und Risiken gehe ich nicht aus dem Weg. Auf Ehrlichkeit und Echtheit in Ausdruck und Verhalten lege ich großen Wert.
Ich kann	mir Ziele selbst definieren und erreichen, viel leisten, Stress positiv erleben, gut planen und organisieren und mich voll und ganz engagieren.
Ich habe	Berufs- und Lebenserfahrung, ein gut entwickeltes Talent für Kommunikation und den Umgang mit Menschen. Dies macht mich erfolgreich. Dabei habe ich mir die Fähigkeit zur Teamarbeit bewahrt. Neben fachlicher Kompetenz waren für meinen beruflichen Aufstieg vor allem Begeisterungsfähigkeit, Lernbereitschaft und Flexibilität entscheidend. Und noch etwas: Ich habe Humor.
Ich will	eine Leitungsaufgabe, die meine Kenntnisse fordert, die Handlungsspielraum und Entwicklungschancen bietet; eine Position, in der ich meine Führungsqualitäten einsetzen und weiter ausbauen kann; ein Unternehmen, mit dem ich mich identifiziere.

Werdegang

 ➔ *Kommentar Seite 45*

Barbara Behrends • Bärenstraße 94 • 31200 Oberwesel • Tel. 02 01 - 12 34 56 • Mobil 01 75 - 32 31 30

Werdegang

Tourismus und Hotellerie

07.99–12.02	Bad Wesel Kurzentrum • *Kurdirektorin (Leiterin des Kurbetriebes)*
04.95–06.96	Weiter-Reisen GmbH, Basel • *Verkaufsleiterin*
10.87–03.95	Meyer International Hotelkonzern: Meyer Hotel, Augsburg • *Verwaltungsleiterin*
	Meyer Hotel Verwaltungs-GmbH, Frankfurt Hauptabteilung Rechnungswesen • *Trainee zur Verwaltungsleiterin*
	Meyer Hotel, Davos • *stv. Verwaltungsleiterin und Finanzbuchhalterin*
	Meyer Hotel, Berlin • *Trainee zur Betriebsassistentin* Parallel: Fernstudium beim „Educational Institute of the American Hotel Association"

neue Horizonte

07.96–06.99	Veranstaltungsmanagement GmbH, Berlin • *Projektmanagement*
	Pear Werbeagentur GmbH, Berlin • *Office Management, Werbung*
	Röntgen Systeme GmbH, Hamburg • *Internationales Marketing*

Barbara Behrends • Bärenstraße 94 • 31200 Oberwesel • Tel. 02 01 - 12 34 56 • Mobil 01 75 - 32 31 30

Qualifizierung

02.03	Fortbildung an der »WWW.Akademie« in Kassel Digitales Marketing und Internet-Publishing
04.02	Ausbilderprüfung vor der IHK zu Bremen
	andere Länder
10.00–12.00	Richmond, Virginia/USA • *Erweiterung der Sprachkenntnisse*
04.95–06.96	Weiter-Reisen GmbH, Basel • *Verkaufsleitung*
12.90–04.93	Meyer Hotel, Davos • *Unterstützung der Verwaltungsleitung*
12.89–02.90	Hotel Lancaster, Paris • *Praktikum in Housekeeping*
08.84–06.85	Ein Schuljahr im Ausland, Winter Haven, Florida/USA • *Abschluss der US-High-School mit Diplom*
	Engagement
11.97–06.99	Management-Vereinigung e.V. Berlin • *Kassenführerin im Bundesvorstand*
	Schulbildung
09.78–05.87	Goethe Gymnasium, Hamburg • *Abitur*

Anlagen

 → *Kommentar Seite 45*

Barbara Behrends • Bärenstraße 94 • 31200 Oberwesel • Tel. 02 01 - 12 34 56 • Mobil 01 75 - 32 31 30

Anlagen

zum Werdegang

Arbeitszeugnis Kurdirektion Bad Wesel

Weiter-Reisen GmbH, Basel

Meyer Hotel, Augsburg

Meyer Hotel, Frankfurt

Meyer Hotel, Davos

Meyer Hotel, Berlin

zu den Auslandsaufenthalten

Hotel Lancaster, Paris

Diplom High School, USA

zur Qualifizierung

IHK Bremen, Ausbilderprüfung

zur Schulbildung

Zeugnis Allgemeine Hochschulreife

Zeugniskopien

Barbara Behrends • Bärenstraße 94 • 31200 Oberwesel • Tel. 02 01 - 12 34 56 • Mobil 01 75 - 32 31 30

Kino-Center Hamburg GmbH
Herrn Mertens
Neue Straße 176

20148 Hamburg

23. März 2003

Vorstellungsgespräch am Freitag, den 22. März 2003
Meine Bewerbung als Leiterin des Kino-Centers Hamburg

Sehr geehrter Herr Mertens,

vielen Dank für das ausführliche und informative Gespräch. Besonders die offene, gute Gesprächsatmosphäre sowie Ihre Ausführungen über Unternehmensaktivitäten und Ziele wusste ich zu schätzen.

Sehr gerne möchte ich als hauptverantwortliche Leiterin Ihres Hauses tätig werden und mein ganzes Wissen und Engagement für die Optimierung Ihres Unternehmens einbringen.

Aus meiner Sicht spricht für mich
- mein breites Spektrum an Organisationserfahrung,
- meine Mitarbeiter-Führungskompetenz,
- meine besondere Stressresistenz.

Bereits zum 1. April 2003 könnte ich Ihrem Unternehmen zur Verfügung stehen. Wenn Sie mir – wie in Aussicht gestellt – bei der Wohnungsbeschaffung behilflich sind, sehe ich einem Erfolg versprechenden Start noch im Frühling mit Freude entgegen.

Auf die Fortsetzung unseres Gespräches gespannt
grüße ich Sie herzlichst

Barbara Behrends

 → *Kommentar Seite 45*

Zu den Unterlagen von Barbara Behrends

1. Version

Der Einleitungssatz (»Wie schön ...«) kommt schwungvoll, aber im Stil total verfehlt daher und rechtfertigt aus der Sicht eines Personalchefs bereits hier das Einstellen aller weiteren Lesebemühungen in dieser Bewerbungsmappe. Wir machen es Ihnen und uns nicht so leicht und lesen weiter.

Die Kandidatin versucht im **Anschreiben**, die Aufmerksamkeit des Lesers zu gewinnen. Welch ein Irrtum! Die beiden folgenden Absätze sind eine Aneinanderreihung von Stilblüten und Peinlichkeiten. »Wir sollten also miteinander sprechen« ist geradezu plumpvertraulich-anbiedernd. Der Name wird heutzutage nicht mehr maschinenschriftlich unter der Unterschrift wiederholt.

Die **Deckblatt**-Gestaltung ist durchaus akzeptabel, die folgende Seite mit den persönlichen Daten außergewöhnlich, wenngleich optisch nicht ausgereift. Am schlimmsten ist jedoch der sich anschließende tabellarische Lebenslauf, mit dem sich Frau B. bestimmt viel Mühe gegeben hat. Leider hat auch hier ihre kreativ-überschießende Art einen negativen Effekt. Trotz einer vermeintlichen Systematik wirkt diese Seite alles andere als lesefreundlich und präsentiert obendrein die Kandidatin als »Jobhopperin« mit gelegentlicher und aktueller Arbeitslosigkeit. Die Unterschrift fehlt.

Eine **Anlagen**-Übersichtsseite existiert bei dieser ersten Version auch nicht.

Einschätzung
Wirklich unbefriedigend. Bei über 80 Bewerbungen mit einer Mappe in dieser Form erfolgten nur zwei Einladungen!

In einer insgesamt 30 Arbeitsstunden dauernden Veränderungsarbeit entstand mit Unterstützung des Büros für Berufsstrategie in Berlin (drei einstündige Beratungssitzungen) eine völlig neue Konzeption und Präsentation, die die Kandidatin in einem vollkommen anderen Licht erscheinen lässt. Aber urteilen Sie selbst ...

2., überarbeitete Version

Im gut gegliederten **Anschreiben** wird überzeugend für die Einladung der Bewerberin argumentiert. Der Abschlussabsatz hätte vielleicht etwas souveräner ausfallen können.

Die **Deckblatt**-Seite ist überraschend anders, recht kreativ und dabei spannend (es folgen ...) gestaltet. Auf der nächsten Seite wieder eine gelungene, sinnvolle Überraschung, die schnell und übersichtlich über die Kandidatin informiert (bis hin zum Gehaltswunsch!). Die Fußzeile ermöglicht eine Vorschau auf die nächste Seite. Mit Spannung blättert der Leser weiter und wird mit dem nun folgenden Resümee-Text gut bedient.

Sicher, alles eine Frage des persönlichen Geschmacks, aber man kann nicht allen gefallen wollen. Die hier vorgestellte Form findet garantiert ihre Wertschätzer und bringt eine Einladung.

Aber es geht noch weiter, und sowohl die beiden folgenden Seiten zum durch die Aufführung zusätzlicher Qualifikationen erweiterten **Werdegang** als auch das übersichtliche **Anlagenverzeichnis** verstärken den bis dato gewonnenen positiven Gesamteindruck. Haben Sie den Fehler bemerkt? Es fehlt die Unterschrift (inkl. Datum und Ort).

Zum **Foto**: Vorher-/Nachher-Version: Was für ein Unterschied!

Einschätzung
Eine wirklich angenehme und beeindruckende Bewerbungsmappe, die kaum noch Wünsche offen lässt. Der Kontrast zur ersten Version könnte nicht größer sein. Weder vom »Jobhopping« noch von Arbeitslosigkeit ist jetzt noch die Rede. In der Realität führte diese Neukonzeption der Bewerbungsunterlagen in relativ kurzer Zeit zu dem angestrebten Ziel: einem neuen Arbeitsplatz (vier Aussendungen, drei Einladungen!).

Krönender Beispielabschluss ist hier der so genannte **Nachfass-Brief** – eine wichtige Chance, nach dem absolvierten Vorstellungsgespräch einen ungemein positiven »Eindrucksverstärker« zu inszenieren (siehe auch Seite 138).

Sabine Scholz
Am Anger 28
12345 Berlin
Tel. (0 30) 411 18 27
e-mail: sabine.scholz@berlin-mafi.de

Mignon Verlag Berlin
Geschäftsleitung
z.Hd. Frau Dr. Winter
Gendarmenmarkt 12

12200 Berlin

Berlin, 29. September 2003

Ihre Anzeige in der Berliner Morgenpost vom 20.09.2003

Sehr geehrte Frau Dr. Winter,

als zukünftige Cheflektorin möchte ich mich Ihnen gerne für den Bereich Deutsch-Japanische-Wirtschaftspublizistik empfehlen.

Ich bin 43 Jahre alt, habe Japanologie, Soziologie und Betriebswirtschaftslehre (ohne Abschluss) studiert und arbeite zurzeit als wissenschaftliche Mitarbeiterin an der Humboldt Universität Berlin im Fachbereich Ostasiatika.

Mein Forschungsschwerpunkt liegt momentan im Bereich der Deutsch-Japanischen Handelsbeziehungen vor 1933.

Auf Grund eines längeren Studienaufenthalts in Osaka bin ich nahezu perfekt in Japanisch (Wort und Schrift).

Über eine Einladung zu einem kurzen Austausch, bezogen auf das von Ihnen in der Anzeige angedeutete Publikationsvorhaben, freue ich mich schon jetzt.

Mit freundlichen Grüßen

Sabine Scholz

Anlagen

Lebenslauf

Persönliche Daten

Sabine Scholz
geboren am 15. März 1960 in Hamburg
unverheiratet

Schulausbildung

1966–1975	Grund- und Hauptschule in Hamburg
1975–1977	Kaufmännische Berufsfachschule in Hamburg Abschluss: Mittlere Reife, Note befriedigend

Berufsausbildung, Berufspraxis (I)

1977–1980	Ausbildung zur Industriekauffrau bei den Hamburger Wasserwerken (WASAG), Eigenbetrieb der Stadt Hamburg, Note befriedigend
1980–1982	Betriebliche Zusatzausbildung im Rahmen der Nachwuchsförderung bei der WASAG
1982–1987	Sachbearbeiterin bei der WASAG in der Abteilung Finanz- und Rechnungswesen

Außerberufliche Weiterbildung

1989–1992	Hamburg-Kolleg, Institut zur Erlangung der Hochschulreife Abschluss: Abitur, Note befriedigend

Hochschulbildung

1993–1996	Grundstudium an der Freien Universität Berlin: Japanologie einschließlich Sprachpropädeutikum, Soziologie und Betriebswirtschaftslehre
1996–1998	Studienaufenthalt in Japan
1998–2001	Hauptstudium in den genannten Fächern an der Freien Universität Berlin Abschluss: Magister Artium (M.A.) mit der Note sehr gut

Berufspraxis (II)

seit April 2001	Wissenschaftliche Mitarbeiterin an der Humboldt Universität Berlin im Sonderforschungsprojekt Deutsch-Japanische Wirtschaftsbeziehungen vor 1933

Weitere Tätigkeiten

1993–1996	Teilzeitarbeit in einer Anzeigenzeitung in Berlin zur Finanzierung des Studiums
1997	Dreimonatiges Praktikum in einem mittelständischen Unternehmen der Zulieferindustrie in Japan
1999	Vortrag über technologisch bedingte Veränderungen von Beschäftigungsverhältnissen in Japan auf der 5. Jahrestagung der Vereinigung Sozialwissenschaftlicher Japanforschung e.V. (Fachgruppe Wirtschaft und Industriesoziologie)

Veröffentlichungen

2000	Übersetzung eines japanischsprachigen Fachbuches über die ökonomische und technologische Nachkriegsentwicklung Japans und des ostasiatischen Raumes von 1948 bis 1968
2002	In Vorbereitung ist die Veröffentlichung einer aktualisierten Version meiner Examensarbeit beim Studienverlag Bonn

Sprachkenntnisse

Japanisch, Englisch

EDV-Kenntnisse

Apple, MS-DOS, Internet

Engagement

Mitglied in der Deutsch-Japanischen Freundschaftsgesellschaft, 2. Vorsitzende seit 1998

Interessen

Klassische Musik, Bergwandern, Joggen, Tischtennis

Berlin, 29. September 2003 Sabine Scholz

→ *Kommentar Seite 53*

Sabine Scholz

Am Anger 28 – 12345 Berlin – Tel. (0 30) 4 11 18 27 – E-Mail: sabine.scholz@berlin-mafi.de

Mignon Verlag Berlin
Geschäftsleitung
Frau Dr. Winter
Gendarmenmarkt 12

12200 Berlin

Berlin, 29. September 2003

Ihre Anzeige in der Berliner Morgenpost vom 20.09.2003

**Bewerbung als Cheflektorin für den Bereich
Deutsch-Japanische Wirtschaftspublizistik**

Sehr geehrte Frau Dr. Winter,

vielen Dank für das informative Telefonat am heutigen Vormittag. Wie besprochen hier meine vollständigen Bewerbungsunterlagen.

Ich bin 43 Jahre alt, habe Japanologie, Soziologie und Betriebswirtschaftslehre studiert und arbeite zurzeit als wissenschaftliche Mitarbeiterin an der Humboldt Universität Berlin im Fachbereich Ostasiatika.

Mein Arbeitsschwerpunkt liegt momentan im Forschungs- und Publikationsbereich der Deutsch-Japanischen Handelsbeziehungen vor 1933.

Auf Grund eines längeren Studienaufenthalts in Osaka sind meine Japanischkenntnisse nahezu perfekt in Wort und Schrift.

Über eine Einladung zu einem kurzen Austausch – bezogen auf das von Ihnen in der Anzeige angedeutete Publikationsvorhaben – freue ich mich schon jetzt
und grüße Sie herzlich

Sabine Scholz

Anlagen

→ *Kommentar Seite 53*

Sabine Scholz

Am Anger 28 – 12345 Berlin – Tel. (0 30) 4 11 18 27 – E-Mail: sabine.scholz@berlin-mafi.de

Bewerbungsunterlagen
als
Cheflektorin
für den
Mignon Verlag Berlin

 → *Kommentar Seite 53*

Sabine Scholz

Am Anger 28 – 12345 Berlin – Tel. (0 30) 4 11 18 27 – E-Mail: sabine.scholz@berlin-mafi.de

Curriculum Vitae

Persönliche Daten

Sabine Scholz, geboren am 15. März 1960 in Hamburg, unverheiratet, keine Kinder, ortsungebunden

Berufspraxis

seit April 2001	Wissenschaftliche Mitarbeiterin an der Humboldt Universität Berlin im Sonderforschungsprojekt Deutsch-Japanische Wirtschaftsbeziehungen vor 1933

Veröffentlichungen

2002	In Vorbereitung ist die Veröffentlichung einer aktualisierten Version meiner Examensarbeit beim Studienverlag Bonn
2000	Übersetzung eines japanischsprachigen Fachbuches über die ökonomische und technologische Nachkriegsentwicklung Japans und des ostasiatischen Raumes von 1948 bis 1968

Hochschulbildung

1998 – 2001	Hauptstudium in Japanologie und Soziologie an der Freien Universität Berlin Abschluss: Magister Artium (M.A.) mit der Note sehr gut
1996 – 1998	Studienaufenthalt in Japan
1993 – 1996	Grundstudium an der Freien Universität Berlin: Japanologie einschließlich Sprachpropädeutikum, Soziologie und Betriebswirtschaftslehre
1997	Dreimonatiges Praktikum in einem mittelständischen Unternehmen der Zulieferindustrie in Osaka
1993 – 1996	Teilzeitarbeit in einer Anzeigenzeitung in Berlin zur Finanzierung des Studiums

 ➔ *Kommentar Seite 53*

Sabine Scholz

Am Anger 28 – 12345 Berlin – Tel. (030) 411 18 27 – E-Mail: sabine.scholz@berlin-mafi.de

Berufsausbildung, Berufspraxis

1977 – 1987	Ausbildung zur Industriekauffrau bei den Hamburger Wasserwerken (WASAG), anschließend Sachbearbeiterin in der Abteilung Finanz- und Rechnungswesen

Schulausbildung

1989 – 1992	Hamburg-Kolleg, Institut zur Erlangung der Hochschulreife, Abschluss: Abitur
1966 – 1977	Grund-, Haupt- und Kaufmännische Berufsfachschule in Hamburg, Abschluss: Mittlere Reife

Sprachkenntnisse

Japanisch, Englisch

EDV-Kenntnisse

Apple, MS-DOS, Internet

Engagement

Mitglied in der Deutsch-Japanischen Freundschaftsgesellschaft, 2. Vorsitzende seit 1998

Interessen

Klassische Musik, Joggen

Berlin, 29. September 2003 Sabine Scholz

 → *Kommentar Seite 53*

Zu den Unterlagen von Sabine Scholz

1. Version

Ein angemessen umfangreiches **Anschreiben** (ohne inhaltliche Spezifizierung in der Betreffzeile!) stellt die Bewerberin vor, die sich gleich zu Anfang als zukünftige Cheflektorin empfiehlt. Leider wurde nicht vorab telefoniert, und ob die Selbstanpreisung im ersten Satz nicht gewisse Widerstände provoziert, ist ein Risiko, das einzugehen unnötig ist. Das nicht abgeschlossene BWL-Studium hat im Anschreiben nichts zu suchen. Ein Wort zur grafischen Gestaltung: ordentlich, aber auch ein bisschen langweilig. Schön und ein Hinweis auf die Aufgeschlossenheit gegenüber modernen Kommunikationstechniken: die E-Mail-Adresse.

Der **Lebenslauf** fängt direkt an, ohne den Auftakt eines Bewerbungsmappen-Deckblatts. Die Kandidatin hat auf dem zweiten Bildungsweg Abitur und Studium absolviert und wählt für die Präsentation ihrer Lebenslaufdaten die schlichte klassisch-traditionelle Form. Der Lebenslauf zeichnet sich durch Klarheit und Übersichtlichkeit aus, und das angegebene Engagement und die Interessen sprechen für die Kandidatin.

Damit sind wir bereits am Ende der Unterlagen angelangt; diese Version hatte kein Anlagenverzeichnis (es folgen in der Realität natürlich die üblichen Zeugnisanlagen). Wir müssen uns jetzt aus der Sicht eines Personalauswählers für oder gegen die Bewerberin entscheiden.

2., überarbeitete Version

Die Wahl einer anderen Schrifttype gestattet der Bewerberin etwas mehr Text bei gleichem Seitenumfang und bringt angemessene Informationen zur Person und Motivation, ohne dass die in der ersten Version des **Anschreibens** kritisierten Aspekte wiederholt werden (ausführliche Betreffzeile, keine Selbstanpreisung, kein Hinweis auf den Studienabbruch etc.). Im Gegenteil: Gerade das BWL-Studium wird geschickt »vermarktet«. Grafisch sind das Anschreiben wie auch die folgenden Seiten attraktiver gestaltet.

Ein sorgfältig komponiertes **Deckblatt** eröffnet die Bewerbungsmappe und damit den Lebenslauf.

Der **Lebenslauf**, hier Curriculum Vitae genannt, fängt mit der aktuellen Berufstätigkeit an, informiert über Veröffentlichungen und die Hochschulausbildung. Das Wichtigste kommt also zuerst, während die Schul-, Berufsausbildung und -praxis auf der zweiten Seite Platz finden, weil sie in ihrer Bedeutung klar nachgeordnet sind.

Um wie viel attraktiver und überzeugender wäre diese Bewerbungsmappe, wenn sie noch eine **Dritte Seite** und ein **Anlagenverzeichnis** hätte. Aus Platzgründen haben wir uns diese beiden wichtigen Komponenten hier geschenkt. In der Realität würden wir – zumindest auf das Anlagenverzeichnis – nicht verzichten wollen. Eine Dritte Seite, die keine schlüssige und gut getextete Botschaft hat, kann man sich sparen. Hier gilt wie immer: Weniger ist mehr. Also: Wenn Ihnen nichts einfällt, versuchen Sie nicht zwanghaft, eine Dritte Seite zu erstellen.

Zum **Foto**: Vielleicht ist der Vorher/Nachher-Unterschied nicht so gravierend wie beim Beispiel zuvor (Barbara B.), aber das interessantere Format, der auffälligere Bildausschnitt machen die überarbeitete Version auch in Bezug auf das Foto bestimmt attraktiver.

Einschätzung
Im Ansatz »sehr gut«.

Lothar Lehmann
Steubenstr. 5
28207 Bremen
Tel.: (04 21) 4 56 89 09

25. Mai 2003

Omega Deutschland GmbH & Co KG
Personalabteilung
Friedenstr. 23
D - 28217 Bremen

Ihre Anzeige in der Bremer Morgenpost vom 20.05.2003

Sehr geehrte Damen und Herren,

ich beziehe mich auf Ihre o.g. Anzeige und möchte mich als Ingenieur für die Position Leiter Qualitätsmanagement bewerben. Ich glaube, dass meine Kenntnisse und Fähigkeiten Ihren Anforderungen entsprechen können.

Nach meiner Lehre als Betriebsschlosser habe ich an der Technischen Fachhochschule Maschinenbau studiert und mich bei der „Deutschen Gesellschaft für Qualitätsmanagement“ zum Qualitäts-Fachingenieur weitergebildet. Praktische Erfahrungen habe ich insbesondere durch den Aufbau eines QM-Systems und der Einleitung des Zertifizierungsverfahrens nach DIN EN ISO 9001 erworben. Meine Sprachkenntnisse in Englisch verbesserte ich ebenfalls außerhalb meines Dienstes an der Berlitz School. Sehr gute PC-Anwenderkenntnisse kann ich ebenfalls vorweisen.

In meiner derzeitigen Tätigkeit als Leiter QM habe ich gezeigt, dass ich mich eigenverantwortlich, teamorientiert und mit Engagement für die Sache der Qualität einsetzen kann. Auf Grund von konzernweiten Umstrukturierungsmaßnahmen und der Dezentralisierung des Qualitätswesens entfällt leider mein Arbeitsplatz zum 31.12.2003.

Den ausführlichen beruflichen Werdegang entnehmen Sie bitte den beigefügten Bewerbungsunterlagen. Das von Ihnen aufgeführte Aufgabengebiet interessiert mich sehr, deshalb würde ich mich über eine Einladung zu einem persönlichen Gespräch sehr freuen.

Mit freundlichen Grüßen

Lothar Lehmann

Anlage: Bewerbungsmappe

PS: Vom 30.05.2003 bis 10.06.2003 nehme ich an der Auditorenfortbildung der DGQ in München teil.

 → *Kommentar Seite 69*

Bewerbungsunterlagen

Lothar Lehmann
Bremen

zur Vorlage bei
Omega Deutschland GmbH & Co KG
Bremen

als
Leiter Qualitätsmanagement

Lebenslauf

1 Persönliche Daten

Name:	Lothar Lehmann
Anschrift:	Steubenstr. 5, 28207 Bremen
Tel.:	(04 21) 4 56 89 09
Geboren am:	30. August 1961
Geburtsort:	Münster in Westfalen
Familienstand:	Lebensgemeinschaft mit Grundschullehrerin
Hobbys:	Schach, Fernöstliche Philosophie, Tai Chi Chuan

 → *Kommentar Seite 69*

2 Berufspraxis

2.1 Betriebsschlosser

Firmen: 3 verschiedene Firmen der Metallindustrie, Hannover und Berlin
Beschäftigt: von 10/1980 bis 10/1987
Aufgaben:

- Reparatur und Wartung von Werkzeugmaschinen

2.2 Gruppenleiter Qualitätssicherung

Firma: Energie GmbH, Werk Bremen
Produkte: Starterbatterien, Industriebatterien, Traktionsbatterien dryfit
Beschäftigte: 250, Führung: 20 Mitarbeiter
Beschäftigt: von 05/1993 bis 12/1998
Aufgaben:

- Wareneingangs- und Fertigungsprüfungen
- Aufbau eines Qualitätssicherungssystems
- Statistische Auswertung von Messdaten
- Beschaffung von Prüf- und Messmitteln
- Erstellung von Verfahrens- und Prüfanweisungen
- Mitarbeit beim Aufbau eines QS-Systems im Werk Spanien

2.3 Leiter Qualitätswesen

Firma: IKROM AG, Bremen
Produkte: Mechanische und elektronische Zylinderschlösser, Schließanlagen, Kastenschlösser und Schutzbeschläge
Beschäftigte: 500, Umsatz: 200 Mio.
Führung: 25 Mitarbeiter, Berichterstattung an den Vorstand
Beschäftigt: seit 01/1999
Aufgaben:

- Qualitätsplanung, Qualitätstechnik und Qualitätsberichterstattung
- Wareneingangs-, Fertigungs- und Endprüfungen
- Aufbau und Pflege eines QM-Systems nach DIN EN ISO 9001
- Vorbereitung der Zertifizierung des QM-Systems
- Durchführung von internen und externen Qualitätsaudits
- Durchführung von betriebsinternen Qualitätsschulungen
- Projektmanagement im Bereich Qualitätssicherung
- Einführung von Arbeitsgruppen zur Entwicklung des Qualitätsbewusstseins in Richtung TQM
- Mitarbeit bei Einführung von Fertigungsinseln, Lean Management und anderen Restrukturierungsmaßnahmen

 → *Kommentar Seite 69*

3 Ausbildung

3.1 Schul- und Berufsausbildung

05/1977 bis 08/1980	Lehre als Betriebsschlosser, Fa. Mahnwald, Hannover **Abschluss:** Facharbeiter
10/1987 bis 02/1989	Fachoberschule, Hannover **Abschluss:** Fachhochschulreife
03/1989 bis 07/1992	Technische Fachhochschule (TFH), Hannover Fachrichtung Maschinenbau **Abschluss:** Diplom-Ingenieur

3.2 Fortbildung

11/1992 bis 05/1993	REFA-Grundausbildung für das Arbeitsstudium REFA-Landesverband Hannover e.V., Hannover **Abschluss:** REFA-Grundschein
09/1993 bis 03/1995	Lehrgang: Qualitätstechnik QII Deutsche Gesellschaft für Qualität (DGQ), München **Abschluss:** Qualitätstechniker DGQ
03/1996 bis 07/1998	Lehrgang: Qualitätsmanagement QM Deutsche Gesellschaft für Qualität (DGQ), München **Abschluss:** Qualitäts-Fachingenieur DGQ
06/2001	Prüfungslehrgang: DGQ-Auditor Deutsche Gesellschaft für Qualität (DGQ), München **Abschluss:** DGQ-Auditor/EOQ Quality Auditor

3.3 Weitere Kenntnisse und Fähigkeiten

seit 1995	PC-Lehrgänge zur Textverarbeitung und Tabellenkalkulation, intensive Beschäftigung mit Textverarbeitung und Tabellenkalkulation (MS-Office) und weiteren Windows-Programmen, Grundkenntnisse der EDV und BASIC-Programmierung vorhanden
seit 1998	Mitglied der Deutschen Gesellschaft für Qualität (DGQ), Teilnahme an Regionalkreisveranstaltungen der DGQ, Besuch div. Seminare und Vorträge zu Themen der QS
seit 2000	Verbesserung der englischen Sprachkenntnisse bei Berlitz International Inc., Bremen

Referenzen und Arbeitsproben können bei Interesse vorgelegt werden.

 → *Kommentar Seite 69*

4 Meine praktischen Erfahrungen und Arbeitsweisen

Schulungen zu Grundlagen und Werkzeugen der QS und Arbeitsgruppen zur Entwicklung des Qualitätsbewusstseins haben sich als wichtige Vorgehensweisen zum Aufbau und zur Weiterentwicklung eines QM-Systems gezeigt. Mit modernen Moderationstechniken wie Metaplantechnik unterstütze ich die eher theoretischen Ausführungen. Mein Ziel ist es, alle Mitarbeiter zu motivieren, sodass sie sich für die Sache der Qualität selbst verantwortlich fühlen. Auf Grund meiner Praxis spreche ich „alle Sprachen" innerhalb eines Unternehmens.

Ich vertrete die Sache der Qualität zwar fest, aber mit diplomatischem Geschick durch Überzeugung und Motivation. Meine Mitarbeiter führe ich stets zielstrebig und unter Praktizierung von Teamarbeit. Mit dem notwendigen Maß an Offenheit, Einfühlungsvermögen und Kreativität treibe ich mit aller Kraft die Weiterentwicklung des QM-Systems voran. Gerne beschäftige ich mich mit modernen Qualitätsmanagement- und Führungstechniken sowie statistischen Verfahren. Die betriebsinternen und externen Veröffentlichungen zu QS-Themen gehören dazu.

Bremen, 25. Mai 2003

5 Anlagen

- Zwischenzeugnis IKROM AG
- Arbeitszeugnis Energie GmbH
- Diplomurkunde
- DGQ-Zertifikat DGQ-Auditor/EOQ Quality Auditor
- DGQ-Zertifikat Qualitätsmanagement QM
- DGQ-Schein Qualitätstechnik QII
- REFA-Grundschein
- Facharbeiterbrief
- Zeugnis Fachabitur
- Zeugnis Hauptschulabschluss

Lothar Lehmann, Diplom-Ingenieur
Steubenstr. 5
28207 Bremen
Tel.: (04 21) 4 56 89 09
Email: llehmann@freenet.de

Bremen, 25. Mai 2003

Omega Deutschland GmbH
Personalabteilung
Frau Dr. Ehrhardt
Friedenstr. 23
28217 Bremen

Ihre Anzeige in der Bremer Morgenpost vom 20.05.2003

Sehr geehrte Frau Dr. Ehrhardt,

vielen Dank für das freundliche und informative Gespräch. Unser gestriges Telefonat hat mein Interesse bestärkt, mich bei Ihnen für die Position Leiter Qualitätsmanagement zu bewerben. Sie haben einen Arbeitsbereich beschrieben, der für mich eine besondere Herausforderung darstellt.

Zu meiner Person:
Nach meiner Lehre als Betriebsschlosser habe ich Maschinenbau studiert und mich bei der „Deutschen Gesellschaft für Qualitätsmanagement" zum Qualitäts-Fachingenieur weitergebildet. Zurzeit bin ich in einem Spezialunternehmen für Schließanlagen als Leiter QM tätig.

Mein Wissen und Können im Bereich QM habe ich besonders durch den Aufbau eines QM-Systems und der Einleitung des Zertifizierungsverfahrens nach DIN EN ISO 9001 unter Beweis gestellt. In meiner täglichen Arbeit bin ich es gewohnt, mich eigenverantwortlich, teamorientiert und mit Engagement für die Sache der Qualität einzusetzen. Eine starke Leistungsmotivation, gepaart mit hoher Lernbereitschaft, runden mein berufliches wie persönliches Profil ab.

Ich wünsche mir neue herausfordernde Aufgaben im Bereich QM und möchte gern einen Beitrag zur Weiterentwicklung Ihres Unternehmens leisten. Wenn ich Ihr Interesse geweckt haben sollte, würde ich mich über eine Einladung sehr freuen.

Mit freundlichen Grüßen

Lothar Lehmann

Anlage: Bewerbungsmappe

 → *Kommentar Seite 69*

Bewerbungsunterlagen

Lothar Lehmann
Steubenstr.5
28207 Bremen
Tel. (04 21) 4 56 89 09
Email: llehmann@freenet.de

für die
Omega Deutschland GmbH
Bremen

als
Leiter Qualitätsmanagement

 ➔ *Kommentar Seite 69*

Lebenslauf

1 Persönliche Daten

Lothar Lehmann

Steubenstr. 5, 28207 Bremen

Tel.: (04 21) 4 56 89 09

Geboren am 30. August 1961 in Münster/Westfalen

Lebensgemeinschaft mit Maria Schubert, Grundschullehrerin

Hobbys: Schach, Tai Chi Chuan

2 Berufspraxis

2.1 Leiter Qualitätswesen

Firma: IKROM AG, Bremen

Produkte: Mechanische und elektronische Zylinderschlösser, Schließanlagen, Kastenschlösser und Schutzbeschläge

Beschäftigte: 500, Umsatz: 200 Mio.

Führung: 25 Mitarbeiter, Berichterstattung an den Vorstand

Beschäftigt: seit 01/1999

Aufgaben:

- Qualitätsplanung, Qualitätstechnik und Qualitätsberichterstattung
- Wareneingangs-, Fertigungs- und Endprüfungen
- Aufbau und Pflege eines QM-Systems nach DIN EN ISO 9001
- Vorbereitung der Zertifizierung des QM-Systems
- Durchführung von internen und externen Qualitätsaudits
- Durchführung von betriebsinternen Qualitätsschulungen
- Projektmanagement im Bereich Qualitätssicherung
- Einführung von Arbeitsgruppen zur Entwicklung des Qualitätsbewusstseins in Richtung TQM
- Mitarbeit bei Einführung von Fertigungsinseln, Lean Management und anderen Restrukturierungsmaßnahmen

2.2 Gruppenleiter Qualitätssicherung

Firma: Energie GmbH, Werk Bremen

Produkte: Starterbatterien, Industriebatterien, Traktionsbatterien dryfit

Beschäftigte: 250, Führung: 20 Mitarbeiter

Beschäftigt: von 05/1993 bis 12/1998

Aufgaben:

- Wareneingangs- und Fertigungsprüfungen
- Aufbau eines Qualitätssicherungssystems
- Statistische Auswertung von Messdaten
- Beschaffung von Prüf- und Messmitteln
- Erstellung von Verfahrens- und Prüfanweisungen
- Mitarbeit beim Aufbau eines QS-Systems im Werk Spanien

2.3 Betriebsschlosser

Firmen: 3 verschiedene Firmen der Metallindustrie, Hannover und Berlin

Beschäftigt: von 10/1980 bis 10/1987

Aufgaben:

- Reparatur und Wartung von Werkzeugmaschinen

→ *Kommentar Seite 69*

3 Ausbildung

3.1 Schul- und Berufsausbildung

03/1989 bis 07/1992	Technische Fachhochschule (TFH), Hannover Fachrichtung Maschinenbau **Abschluss:** Diplom-Ingenieur
10/1987 bis 02/1989	Fachoberschule, Hannover **Abschluss:** Fachhochschulreife
05/1977 bis 08/1980	Lehre als Betriebsschlosser, Fa. Mahnwald, Hannover **Abschluss:** Facharbeiter

3.2 Fortbildung

06/2001	Prüfungslehrgang: DGQ-Auditor Deutsche Gesellschaft für Qualität (DGQ), München **Abschluss:** DGQ-Auditor/EOQ Quality Auditor
03/1996 bis 07/1998	Lehrgang: Qualitätsmanagement QM Deutsche Gesellschaft für Qualität (DGQ), München **Abschluss:** Qualitäts-Fachingenieur DGQ
09/1993 bis 03/1995	Lehrgang: Qualitätstechnik QII Deutsche Gesellschaft für Qualität (DGQ), München **Abschluss:** Qualitätstechniker DGQ
11/1992 bis 05/1993	REFA-Grundausbildung für das Arbeitsstudium REFA-Landesverband Hannover e.V., Hannover **Abschluss:** REFA-Grundschein

3.3 Weitere Kenntnisse und Fähigkeiten

seit 2000	Verbesserung der englischen Sprachkenntnisse bei Berlitz International Inc., Bremen
seit 1998	Mitglied der Deutschen Gesellschaft für Qualität (DGQ), Teilnahme an Regionalkreisveranstaltungen der DGQ, Besuch div. Seminare und Vorträge zu Themen der QS
seit 1995	PC-Lehrgänge zur Textverarbeitung und Tabellenkalkulation, intensive Beschäftigung mit Textverarbeitung und Tabellenkalkulation (MS-Office) und weiteren Windows-Programmen, Grundkenntnisse der EDV und BASIC-Programmierung vorhanden

Referenzen und Arbeitsproben können bei Interesse vorgelegt werden.

 → *Kommentar Seite 69*

Was spricht für mich?

Meine beruflichen Leistungen

- Ich bin bestens vertraut mit allen Bereichen der Qualitätsplanung, -technik und -berichterstattung
- managte Projekte im Bereich Qualitätssicherung
- erstellte und pflegte ein QM-System nach DIN EN ISO 9001
- führte interne und externe Qualitätsaudits durch
- baute ein Qualitätssicherungssystem auf
- konzipierte Verfahrens- und Prüfanweisungen
- führte betriebsinterne Qualitätsschulungen durch
- wertete statistische Messdaten erfolgreich aus

Meine Arbeitsweise

Meine besonderen Stärken sind mein diplomatisches Geschick sowie meine Art, Mitarbeiter in Sachen QM zu motivieren und zu überzeugen. Der Umgang und die zielorientierte Zusammenarbeit mit anderen Menschen sind für mich persönlich von großer Bedeutung. Dabei beherrsche ich als praxiserprobter Fachingenieur alle „Register“ in der Verantwortung, die Sache der Qualität effektiv zu vertreten.

Lothar Lehmann

Bremen, 25. Mai 2003

Anlagen

- Grafische Darstellung Lebenslauf
- Zwischenzeugnis IKROM AG
- Arbeitszeugnis Energie GmbH
- Diplomurkunde
- DGQ-Zertifikat DGQ-Auditor/EOQ Quality Auditor
- DGQ-Zertifikat Qualitätsmanagement QM
- DGQ-Schein Qualitätstechnik QII
- REFA-Grundschein
- Facharbeiterbrief

 → *Kommentar Seite 69*

Lebenslauf Lothar Lehmann

Geburtsjahr 1961
Münster in Westfalen

Hauptschule 1968–1977

Lehre als Betriebsschlosser 1977–1980
Abschluss: Facharbeiter

Berufspraxis Betriebsschlosser 1980–1987
Reparatur und Wartung von Werkzeugmaschinen

Fachoberschule Hannover 1987–1989
Abschluss: Fachhochschulreife

Technische Fachhochschule Hannover 1989–1992
Abschluss: Diplom-Ingenieur
Fachrichtung: Maschinenbau

REFA Grundschein 1993

Gruppenleiter QS Fa. Energie GmbH 1993–1998

Fortbildung:
Qualitätstechnik QII
DGQ, München
Qualitätstechniker DGQ

Aufgaben:
- Wareneingangsprüfung
- Fertigungsprüfung
- Aufbau eines QS-Systems
- Statistische Auswertung von Messwerten
- Beschaffung von Prüf- und Messmitteln
- Erstellung von Verfahrens- und Prüfanweisungen
- Mitarbeit beim Aufbau eines QS-Systems im Werk Spanien

Führung von 20 Mitarbeitern

Leiter Qualitätswesen Fa. IKROM seit 1999

Fortbildung:
- Qualitätsfachingenieur DGQ
- DGQ-Auditor
- Besuch div. Seminare und Vorträge zur Qualität, EDV, Produkthaftung, Verbesserung englischer Sprachkenntnisse

Aufgaben:
- Qualitätsplanung und -technik
- Qualitätsberichterstattung
- Wareneingangsprüfung
- Fertigungs- und Endprüfungen
- Messlabor
- Aufbau und Pflege eines QM-Systems nach DIN ISO 9001
- Vorbereitung der Zertifizierung
- Durchführung von internen und externen Qualitätsaudits
- Durchführung von betriebsinternen Qualitätsschulungen
- Projektmanagement im Bereich QS
- Einführung von Arbeitsgruppen zur Entwicklung des Qualitätsbewusstseins in Richtung TQM
- Mitarbeit bei Einführung von Fertigungsinseln, Lean Management, u. a. Restrukturierungsmaßnahmen

Führung von 25 Mitarbeitern

→ Kommentar Seite 69

Zu den Unterlagen von Lothar Lehmann

1. Version

Mit sehr schlichten grafischen Mitteln wendet sich der Bewerber im **Anschreiben** an die »Sehr geehrten Damen und Herren« und bezieht sich auf eine in der Betreffzeile inhaltlich nicht näher erläuterte Anzeige.

Mit einem »Glaubensbekenntnis« und einem nicht überzeugend getexteten zweiten Absatz geht es weiter und gipfelt in der sprachlichen Ungeschicktheit, PC-Kenntnisse »ebenfalls vorweisen« zu können.

Der Anschreibentext ist also eher unzulänglich, aber wenden wir uns jetzt der Bewerbungsmappe selbst zu: Das **Deckblatt** ist ordentlich, wenngleich die Formulierung »zur Vorlage« völlig bürokratisch-veraltet wirkt.

Der **Lebenslauf** hat ein ausgeprägtes Gliederungssystem und wirkt auf der ersten Seite wegen der schwerfälligen Form (Name, Anschrift etc.) recht unelegant, unmodern. Der zweite Abschnitt präsentiert die beruflichen Stationen in chronologischer Reihenfolge, was unvorteilhaft ist. Ebenso wird im dritten Abschnitt verfahren. Der vierte Abschnitt ist der misslungene Versuch einer **Dritten Seite**, die stilistisch an das Anschreiben erinnert. Auch wenn der Bewerber Ingenieur und nicht Germanist ist, müssen an die sprachliche Kompetenz höhere Ansprüche gestellt werden. So also bitte nicht!

Das **Anlagenverzeichnis** führt überflüssige Dokumente wie die Zeugnisse Fachabitur und Hauptschulabschluss auf.

2., überarbeitete Version

Dem immer noch schlichten Briefkopf folgt ein wesentlich besserer **Anschreiben**-Text. Hier wurde vorab telefoniert. Die Daten zur Person sind knapp und präzise und unterscheiden sich ganz wesentlich vom ersten Anschreiben.

Das überarbeitete **Deckblatt** wirkt etwas frischer, ebenso wie die erste Seite des **Lebenslaufs** mit den persönlichen Daten. Auch grafisch hat die Präsentation im Sinne einer besseren und leichteren Lesbarkeit gewonnen. Im zweiten und dritten Abschnitt wurde jeweils die Reihenfolge vertauscht (amerikanische Form, vom Aktuellen zur Vergangenheit).

Die **Dritte Seite** ist wesentlich prägnanter getextet und erfüllt jetzt ihren Zweck. Alle drei Überschriften sind gut gewählt.

Das **Anlagenverzeichnis** ist sinnvoll überarbeitet worden, und zur Krönung legt der Bewerber eine Lebenslaufübersicht in grafischer Form vor, die den Werdegang in wirklich sehr anschaulicher Weise illustriert und Rückschlüsse auf eine sehr hohe Motivation zulässt.

Zum **Foto**: Die Fotos sprechen für sich, das zweite ist einfach freundlicher und auch im Format dem ersten deutlich überlegen.

Einschätzung
Eine deutliche Verbesserung einer im Ansatz schon ordentlichen Grundidee. Die sprachliche Gestaltung bedarf immer einer besonderen Anstrengung. In der Regel lohnt sich diese aber, deshalb hier eine Beurteilung als »sehr gut«.

UTE ULLRICH, M.A.

Diplom-Politologin
Bahnhofstr. 1a
54518 Mainz
Telefon: 0 61 31 / 34 86
Mobil: 01 72 / 55 60 20

Omega Personalberatung
Frau Wagner
Elbestr. 11

23170 Reinbeck

Mainz, 14. Januar 2004

Bewerbung als Assistentin des Niederlassungsleiters für die Geschäftsstelle Köln
Ihre Anzeige im Kölner Tageblatt vom 7.1.2004

Sehr geehrte Frau Wagner,

nach dem freundlich-informativen Telefonat mit Herrn Heinrich möchte ich Ihnen meine Bewerbungsunterlagen überreichen und meine Unterstützung für Ihren Niederlassungsleiter anbieten.

Kurz zu meiner Person: Ich habe als Assistentin der Geschäftsleitung schon mehrfach mein Können unter Beweis gestellt, bin flexibel, verfüge über die notwendige Sekretariatsleitungserfahrung und weiß, was kundenorientiertes Arbeiten bedeutet.

Für die Zeit ab März 2004 suche ich eine entwicklungsfähige Position, bei der selbstständiges Arbeiten, Team- und Kontaktfähigkeit sowie Eigeninitiative und Dynamik gefordert sind.

Gerade die Möglichkeit, von Anfang an den Erfolg Ihres neuen Standorts mitzugestalten, reizt mich an der skizzierten Aufgabe. Den außerordentlichen Anforderungen dieser Aufbauphase kann ich durch meinen vielseitigen Erfahrungshintergrund in einem besonderen Maße entsprechen.

Mehr über mich auf den nächsten Seiten.
Ich freue mich auf eine Einladung.

Mit freundlichen Grüßen aus Mainz

Ute Ullrich

Anlagen

 → *Kommentar Seite 76*

Bewerbung als Assistentin des Leiters der Geschäftsstelle Köln

Ute Ullrich, M.A.
Diplom-Politologin
Bahnhofstr. 1a
54518 Mainz

Telefon: 0 61 31 / 34 86
Mobil: 01 72 / 55 60 20
E-Mail: ute.ullrich@mainz-online.de

Ute Ullrich	**LEBENSLAUF**
geboren:	5. Januar 1971 in Dortmund
Familienstand:	ledig, keine Kinder, ortsungebunden

Schul- und Hochschulbildung

1987 – 1990	Gymnasiale Oberstufe der Gesamtschule Dortmund Abschluss: Abitur
1990 – 1996	Studium der Politikwissenschaft, Soziologie und Neueren Deutschen Literatur Abschlüsse: Diplom-Politologin, Magister Artium

---

Um Einblicke in die unterschiedlichen Organisations- und Betriebsstrukturen zu gewinnen, setzte ich mir nach Abschluss meines Studiums das Ziel, in den folgenden fünf Jahren vielfältige Berufserfahrungen zu sammeln. Meine Arbeitsfelder waren bisher:

Kommunikations- und Informationsmanagement

Stadt Düsseldorf: Projektleitung EDV-Organisation für die Internationale Ausstellung „Stadtentwicklung im neuen Jahrtausend“	01/1995 – 12/1995
Kommission der Europäischen Gemeinschaften, Brüssel: Betreuung der Multimediakampagne zum Euromarkt 1998 in Kooperation mit der GfK, Nürnberg	01/1996 – 10/1997
Europäisches Parlament, Straßburg: Friedrich-Krause-Stiftung, Sektion Förderung postgradualer Studien im Bereich neue Medien	01/1998 – 12/2001

 ➔ *Kommentar Seite 76*

Öffentliche Verwaltung

Gesamtdeutsches Institut, Berlin: 03/1994 – 12/1994
Recherche und Dateierstellung zum Thema
„Kulturpolitik in der DDR"

Inter Nationes e.V., Frankfurt: 01/2002 – 10/2002
Führung des Referatssekretariats „Kultur"

Personal- und Bildungsarbeit

Carl-Duisberg-Gesellschaft, Köln: 01/2003 – 12/2003
Mitarbeit in verschiedenen Projekten zur Wissenschafts-
förderung

Fortbildung

Institut für Datenverarbeitung und Betriebswirtschaft, 07/2000 – 09/2001
Freiburg
Grundlagenkurs „Betriebswirtschaft, Spezialisierung,
Personalwesen", berufsbegleitend

London Chamber Of Commerce And Industry: 11/2002
English for Business

Hobbys

Schwimmen
Segeln
Kunststudien über den Maler Franz Marc

Mainz, 14. Januar 2004

Ute Ullrich

Ich über mich

Seit einigen Jahren bin ich
begeisterte Seglerin.

Die Winde der Ostsee
immer wieder neu zu erfahren,
mal im ruhigen Fahrwasser zu gleiten,
mal durch aufbrausendes und
unruhiges Meer,
jedesmal sich auf die aktuellen
Gegebenheiten einstellen,
sei es im Frühjahr, aber auch im Herbst,
wenn die Winde rauher werden,
reizt mich.

Das eigene Können einbringen
in das Zusammenspiel des Teams.
Mit dem Vertrauen
in die gemeinsame Kraft
und dem Ziel im Blick,
Ausdauer unter Beweis zu stellen
– das ist es, was ich will.

Segeln, wie zusammenarbeiten:
sicherlich auch eine Frage des Mutes.

 ➔ *Kommentar Seite 76*

Anlagen

Arbeitszeugnis der Stadt Düsseldorf EDV-Projektleitung

Arbeitszeugnis der Kommission der Europäischen Gemeinschaft, Brüssel

Arbeitszeugnis der Friedrich-Krause-Stiftung

Zeugnis des Instituts für Datenverarbeitung und Betriebswirtschaft, Freiburg

Zeugnis Inter Nationes e.V., Frankfurt

Zeugnis der Carl-Duisberg-Gesellschaft, Köln

Certificate der London Chamber of Commerce and Industry

Magister-Artium-Urkunde

Diplom in Politikwissenschaft

 ➔ *Kommentar Seite 76*

Zu den Unterlagen von Ute Ullrich

Dem **Anschreiben** ist zu entnehmen, dass mit der eigentlich Verantwortlichen leider nicht vorab direkt telefoniert worden ist. Gliederung und Inhalt des Schreibens sind eher konservativ, die Formulierungen dennoch recht ansprechend, der Abschluss hat durchaus etwas Verbindliches, Liebenswürdiges.

Das **Deckblatt** ist unspektakulär gestaltet und bietet Platz für das Foto.

Die Präsentation des **Lebenslaufs** ist innovativ, vor allem hinsichtlich der Gliederung nach Arbeitsfeldern. Die eingearbeitete Kurztextpassage (»Um Einblicke in die unterschiedlichen Organisations- und Betriebsstrukturen zu gewinnen ...«) ist hilfreich und macht – kritisch betrachtet – aus der »Not« eine »Tugend«, was den »roten Faden« anbetrifft. Leider sind dann aber auf der folgenden Seite die Themen Fortbildung und vor allem Hobbys nicht deutlich genug abgegrenzt. Eine andere Schriftgröße wäre hier wünschenswert und würde die eingangs gut platzierten Sätze auch inhaltlich noch einmal unterstreichen. Beide Seiten sind jedoch grafisch ansprechend, z. T. auch unkonventionell gestaltet.

Die Aufzählung der Hobbys ist übrigens besonders außergewöhnlich und reizt zu Nachfragen (im Vorstellungsgespräch!). Darauf muss die Kandidatin gut vorbereitet sein.

Besonders auffällig: die **Dritte Seite** – sowohl inhaltlich als auch vom Layout her. Eine wichtige, aussagekräftige Botschaft wird mittels eines starken Bildes transportiert.

Das Hobby wird zum Anlass genommen, eine Art Persönlichkeitsporträt zu vermitteln. In der Tat sagen die in einer Bewerbung mitgeteilten Interessen und Hobbys immer Wesentliches über den Charakter eines Kandidaten/einer Kandidatin aus. Deshalb ist gerade dieser Punkt in den Bewerbungsunterlagen von nicht zu unterschätzender Bedeutung. Immer wieder wird von Bewerbern der Standpunkt vertreten: Was gehen denn den Arbeitgeber eigentlich meine Hobbys an? Diese Haltung signalisiert, dass noch nicht das richtige Bewusstsein für die Essentials einer Bewerbung vorhanden ist. Denn neben dem Faktor Kompetenz sind es besonders die in den schriftlichen Unterlagen vermittelte Leistungsmotivation und die Persönlichkeit des Bewerbers, die zwischen Absage und Einladung zum Vorstellungsgespräch entscheiden.

Das hier präsentierte, fast schon poetische Beispiel ist vielleicht eher bei Geistes- als bei Naturwissenschaftlern zu erwarten und zu empfehlen und sicherlich auch nicht jedermanns Geschmack. In der Bewerbungsrealität löste dieser Text allerdings starkes Interesse an der Kandidatin aus – mit dem gewünschten Ergebnis einer hohen Anzahl (um beim Segeln zu bleiben: fast einer Flut) von Einladungen.

Das **Anlagenverzeichnis** ist unspektakulär.

Zum **Foto**: Nett, sympathisch, ein »Hingucker«.

Einschätzung

Ein außergewöhnliches Beispiel, das Wertschätzung findet. Gesamtbeurteilung: »gut«, vielleicht sogar besser.

Detlef Dembrowsky
Diplom-Ingenieur für Umwelttechnik
Stillerzeile 55
12587 Berlin (Köpenick)

Telefon: 0 30 / 1 11 79 89

Berlin, 19.03.2003

Stadt-Land-Umweltschutztechnik
Herrn Dr. Heinrich
Wagnerstr. 77

12345 Berlin

Ihre Anzeige vom 14.03.2003 / Projektleitung

Sehr geehrter Herr Dr. Heinrich,

aus ungekündigter Position suche ich im Bereich rechnergestützte Verarbeitungstechnik eine neue Herausforderung.

Die von Ihnen beschriebene Projektleitung entspricht meinen Fähigkeiten und Neigungen. Auf diesem Sektor verfüge ich bereits über mehrjährige Erfahrung und habe verschiedene Großprojekte in mehreren von mir geleiteten Teams nachweislich erfolgreich abgeschlossen.

Meinen beruflichen Werdegang finden Sie in den Unterlagen dokumentiert.
Ich bitte um Verständnis, dass ich meinen jetzigen Arbeitgeber noch nicht benennen möchte.

In einem persönlichen Gespräch – gern vorab zunächst auch telefonisch – würde ich mich freuen, Ihnen weitere Auskünfte (wie z. B. zu den Aspekten Eintrittstermin und Gehalt) geben zu können.

Mit freundlichen Grüßen

Detlef Dembrowsky

Anlagen

Bewerbungsunterlagen

für die

STADT-LAND-UMWELTSCHUTZTECHNIK

von

Detlef Dembrowsky

Diplom-Ingenieur für Umwelttechnik (TU)

 ➔ *Kommentar Seite 83*

Detlef Dembrowsky
Diplom-Ingenieur für Umwelttechnik
Stillerzeile 55
12587 Berlin (Köpenick)

Telefon: 0 30 / 1 11 79 89

geboren am 11.03.1962 in Templin
(Uckermark-Kreis)
verheiratet; 3 Kinder

Meine Kenntnisse, Fähigkeiten und Erfahrungen

Zurzeit tätig im Bereich Zentrale Dienste
für Elektronik, Mechanik, Sensorik und EDV-gesteuerte Verarbeitungsmaschinen

Anwendungsbereite Kenntnisse
in Prozesssteuerung und Automatisierung

Erfahrung beim Aufbau
neuer Organisationsstrukturen und der Realisierung von Projekten

Mehrjährige Erfahrung an Geräten und Anlagen der Prozessanalytik
unter großchemischen Bedingungen

Führungserfahrung,
unter anderem Verantwortung für eine Gruppe von 6 Technikern

Zielorientierte, professionelle Arbeitsweise,
insbesondere auch unter erschwerten Arbeitsbedingungen

Lebenslauf

Berufspraxis

01/1996 bis jetzt

- **Spezialist** für Elektronik, Mechanik und EDV-gesteuerte Verarbeitungsmaschinen (Projektmanagement); Instandhaltung in mittleren Unternehmen der Filmtechnik
- Inbetriebnahme, Wartung und Reparatur vollautomatischer Anlagen der Produktlinien
- Mikrorechnereinsatz in Büro und Produktion/Systemadministration
- Erstellung diverser EDV-Programme für Büroorganisation
- Führungserfahrung (6 Techniker)

10/1989–12/1995

- **Mitarbeiter** für Prozesssteuerung in der Chemie/EDV, Leuna-Chemie AG, Gruppe Verfahrenstechnik
- Projekt der rechnergeführten Polymerisation zur Qualitätsstabilisierung von Lacken
- Maßstabsübertragung vom Labor über Technikum in Produktionskessel
- Erarbeitung von Wirtschaftlichkeitsanalysen
- Konstruktion eines Reinigungsroboters
- Projektadaptierung und Optimierung verfahrenstechnischer EDV-Programme mit neuen IBM-Rechnern

09/1987–09/1989

- **Mitarbeiter** für Prozessautomatisierung und Verfahrenstechnik, Chemische Werke Leuna, Abteilung Prozesssteuerung und Automatisierung
- Konzeption und Realisierung multivalent nutzbarer Technikums-Anlagen für organische Spezialprodukte
- Deutliche Ausbeuteerhöhung von Hochpolymeren durch automatische Reaktorsteuerung
- Verbesserung technisch-organisatorischer Abläufe durch Planung, Beschaffung und Einsatzzuordnung von Arbeits- und Betriebsmitteln
- Zusätzliche Profilierung im pädagogischen Bereich: Lehrtätigkeit „Mathematik für Meister-Klassen“

09/1984–08/1987

- **Fachingenieur** für automatische Analysegeräte, Chemische Werke Leuna
- Erfolgreiches Projektmanagement bei automatischen Analysemessanlagen für einen neuen Betriebsteil nach kürzester Einarbeitung
- Termingerechte Ablauforganisation und Mängelbeseitigung
- Anleitung und Aufsicht des Wartungspersonals
- Führungserfahrung (5 Facharbeiter)

 → Kommentar Seite 83

Spezialkenntnisse

12/1987 – 12/2000

- Verschiedene **Lehrgänge** für die Bereiche:
  Chemische Reaktionskinetik,
  Prozessanalyse/Automatisierungstechnik,
  Verfahrenstechnische Grundlagen
- Praktische und Projekt-Erfahrung mit der SPS-SIMATIK S 5
- Praktische und theoretische Erfahrungen in der Prozessanalytik, Automatisierungstechnik
- Gute **Kenntnisse** im Computer-Operating;
  Systemadministrator für UNIX, Windows
  PDP-11/RSX (MOOS 1600),
  IBM-360/370, IBM AS 400
- Anwendungsbereite **Erfahrungen** der Sprachen:
  C++, C#, PL/2, TSO, T-PASCAL, JAVA, HTML, DELPHI

Studium und Schule

09/1980 – 07/1984

- TH Halle, Fachrichtung Elektrotechnik,
  Diplom-Ingenieur für Messtechnik

09/1968 – 06/1980

- Besuch der Oberschule, **Abitur**
- **Sprachen:** Englisch, Russisch

Interessen und Hobbys

- Reisen in Portugal und Spanien, Rad fahren, Schwimmen

Berlin, 19.03.2003 Detlef Dembrowsky

Warum ich mich bewerbe?

Die Fähigkeit zum konzeptionellen Arbeiten und mein Organisationstalent habe ich besonders beim Aufbau einer neuen Abteilung für Prozesssteuerung mehrfach unter Beweis gestellt. Ich bin es gewohnt, selbstständig und im Team zu arbeiten und weiß, dass meine bisher gezeigte Einsatzbereitschaft und kreative Flexibilität beim Lösen unterschiedlichster Problemfälle erfolgreich war.

Engagement und Belastbarkeit gehören zu meinen Persönlichkeitsmerkmalen. In einem für die Kreativität förderlichen Unternehmensklima konnte ich mit innovativen, kostenbewussten und termingerechten Lösungen überzeugen. Teamkollegen schätzen meine Hilfsbereitschaft und die Fähigkeit, neue Sachverhalte schnell erfassen und umsetzen zu können.

Als praxiserprobter Ingenieur vom Fach beherrsche ich alle „Register“ – von der Improvisation bis zur Perfektion – in der Verantwortung für die Sicherheit von Technik und Umwelt.

... um etwas zu bewegen!

Berlin, 19.03.2003 Detlef Dembrowsky

 → *Kommentar Seite 83*

Zu den Unterlagen von Detlef Dembrowsky

Nach persönlicher Ansprache erklärt Herr Dembrowsky im **Anschreiben** zuerst seinen Status quo, aus dem heraus er sich bewirbt, um dann auf seine nachweislich erfolgreichen Erfahrungen hinzuweisen. Er bittet (durchaus legitim) um Verständnis, dass er seinen jetzigen Arbeitgeber noch nicht benennen will. Nicht ungeschickt ist ebenfalls der letzte Absatz, in dem er anbietet, gern auch vorab telefonisch für weitere wichtige Informationen zur Verfügung zu stehen. Ein Beispiel für eine gut vermittelte Berufsidentität (»Dipl.-Ing. für Umwelttechnik« unter dem Namen), die dem Personalverantwortung tragenden Leser in vielerlei Hinsicht schnelle Orientierung gibt, mit wem er es zu tun hat. Dabei bleibt das Anschreiben angenehm kurz.

Ein optisch gut komponiertes **Deckblatt** macht neugierig auf die nächsten Seiten. Die sich anschließenden Informationen zur Person des Bewerbers sind gut aufbereitet, es gibt einen idealtypischen Platz für das Foto, und unter der Überschrift Meine Kenntnisse … wird dem Leser schnell vermittelt, was ihn an diesem Kandidaten besonders interessieren sollte. Diese Auftaktseite ist also in mehrerer Hinsicht gut gelungen.

Im **Lebenslauf** wird die Berufspraxis auf interessante, angemessen ausführliche Weise präsentiert. Die Hervorhebungen (Fettdruck) unterstützen beim Lesen. Die gewählte Darbietungsform der Daten (erneut die amerikanische Version, vom Aktuellen zur Vergangenheit) macht hier einen im höchsten Maße überzeugenden Eindruck. Die zweite Seite des Lebenslaufs ist ebenfalls konsequent aufgebaut und verstärkt weiter das sich beim Lesen einstellende positive Gefühl.

Die **Dritte Seite** spielt mit der Überschrift, um so eine weitere Botschaft zu vermitteln, die sich ja durchaus im Einklang befindet mit den Aussagen im Anschreiben. Die formulierten Botschaften treffen sicherlich nicht jedermanns Herz, kommen aber bei technisch orientierten Lesern in der Regel gut an, so der Praxis-Beweis.

Haben Sie das **Anlagenverzeichnis** vermisst? In der Bewerbungsrealität wurde es nicht vergessen, hier lediglich nur aus Platzgründen eingespart.

Zum **Foto**: Ein außergewöhnlicher Bildausschnitt garantiert, dass man sich den Kandidaten etwas länger anschaut, aber auch das unten alternativ gezeigte Format erzeugt Spannung und macht den Bewerber interessant.

Einschätzung
Gute Unterlagen mit interessanter Gestaltung.

Alternativer Bildausschnitt *zu den Bewerbungsunterlagen von Detlef Dembrowsky. Vergleichen Sie dazu das* ***Bewerbungsfoto*** *auf* ***→ Seite 79.***

Manuela Moran
Diplom-Kauffrau u. -Psychologin

Gotthelfstr. 19
34273 Melsungen
☎ 06616 566782

Bayer AG
Zentralbereich Personalplanung
Frau Norton
Rubensstr. 28

63282 Frankfurt am Main

Melsungen, 05.01.2004

Ihr Stellenangebot in der FAZ vom 28.12.03
Leiter Pharma-Marketing

Sehr geehrte Frau Norton,

Ihre Annonce hat mich angesprochen.

Als Wirtschaftswissenschaftlerin und Psychologin mit einschlägigen Arbeits- und Erfahrungsschwerpunkten erfülle ich fachlich die von Ihnen erwarteten Voraussetzungen:
- Spezialkenntnisse im Pharma-Marketingmanagement,
- strategische Produktkonzeption und -planung,
- Aufbau- und Ablauforganisationsanalyse,
- Personalführungspsychologie,
- Leitungsfunktion.

Persönlich runde ich das Profil mit folgenden Eigenschaften ab:
- entscheidungsstark und selbstkritisch,
- Zukunftsorientierung mit Augenmaß für das Machbare,
- unternehmerisch im Denken und kundenorientiert im Handeln.

Mein Start bei der Bayer AG kann relativ kurzfristig zum 01.04.04 erfolgen,
meine Gehaltsvorstellungen liegen zwischen 60 und 70 TEUR p.a.
Weitere Informationen über mich bitte ich Sie den folgenden Seiten zu entnehmen.

Es würde mir sehr gefallen, meinen Beitrag für die Unternehmensentwicklung der Bayer AG leisten zu dürfen, und ich freue mich auf ein persönliches Gespräch.

Mit freundlichen Grüßen

Anlagen

 → *Kommentar Seite 91*

MANUELA MORAN
Diplom-Kauffrau u. -Psychologin

Kandidatur

Bewerbungsunterlagen

für die

Bayer AG

als

Leiterin Pharma-Marketing

MANUELA MORAN
Diplom-Kauffrau u. -Psychologin

Lebenslauf

Diplom-Kauffrau und Diplom-Psychologin

geboren am 11.11.1968 in Kassel
ledig und ortsungebunden

Berufliche Erfahrungen

seit September 2000	Stellvertretende Leitung der Marketingabteilung B. Braun Melsungen AG Aufgabengebiete: Key-Account-Management im Projekt klinische Antiseptika für Großverbraucher in NRW, Aufgaben zur Produktkonzeption, Kooperationspartner im klinischen Bereich
Juli 1998 – September 2000	Pharma Mann AG, Berlin Bereiche: Sachbearbeitung Pharmareferentenschulung
Juni 1995 – Mai 1998	Hoechst AG, Bad Hersfeld Bereiche: Marketing und Incentives für Außendienst
Mai 1994 – Mai 1995	HF & FP Reemtsma GmbH, Berlin Trainee Schwerpunkte: Betriebsorganisation und Marktanalysen

 → *Kommentar Seite 91*

Manuela Moran

Diplom-Kauffrau u. -Psychologin

Das Hochschulstudium

Oktober 1990 – April 1994	*Wirtschaftswissenschaften* an der FU Berlin Abschluss: Diplom-Kauffrau, Note gut Schwerpunkte: Marktforschung, Marketingmanagement, Einsatz von Marketinginstrumenten Diplomarbeit: Herstellung von Konformität durch Interessen-handhabung. Eine produktpolitische Analyse
Juli 1988 – Dezember 1992	*Studium der Psychologie* an der FU Berlin Abschluss: Diplom-Psychologin, Note gut Schwerpunkte: Arbeits- und Organisationspsychologie, neue Managementkonzepte, Wahlforschung, Meinungsmanagement, Kommunikationsmittelerhebung Diplomarbeit: Unternehmensnetzwerke. Eine Analyse der psychosozialen Reibungspunkte durch differierende Unternehmenskultur

Zur beruflichen Weiterbildung

Seit 1998	Teilnahme an Fachveranstaltungen und Kursen Cash-Management und Cash-Pooling in Frankfurt Deutscher Marketing-Tag, Eschborn Führungskräfteworkshops mit M. Birkenbiehl Graphik-Design an der HDK Berlin Rhetorik am Institut für Präsentation, Berlin

 → *Kommentar Seite 91*

MANUELA MORAN
Diplom-Kauffrau u. -Psychologin

Schulbildung

1975 – 1988	Grund- und Mittelstufe in Melsungen, Wirtschaftsgymnasium in Kassel, Abschluss: Allgemeine Hochschulreife, Note sehr gut

Besondere Kenntnisse

Fremdsprachen	Französisch und Spanisch, jeweils gute Kenntnisse Englisch fließend, Sprachschule in Ainsboro, Kent
EDV	Programme: Winword, Corel Draw, Excel, Powerpoint

Mitgliedschaften und Freizeitinteressen

Förderverein bedrohter Tierarten in Deutschland
Tauchverein für körperbehinderte Schwimmer
Volleyball in einer Vereinsmannschaft
Ich sammle Skulpturen von Auguste Rodin und Georg Kolbe.

Manuela Moran

Melsungen, 05.01.2004

→ *Kommentar Seite 91*

MANUELA MORAN
Diplom-Kauffrau u. -Psychologin

Meine Sicht der Dinge

Nur kontinuierliches Lernen ermöglicht auch kontinuierliche Verbesserungen.

Dazu braucht man **Einsicht**, dass sich Lernen lohnt, **Bewusstsein**, wie wenig man weiß, und **Bereitschaft**, bequeme Traditionen zu verlassen, um mutig auch kurzfristige Verschlechterungen zu Gunsten langfristiger Verbesserungen in Kauf zu nehmen.

Mit dem Gegenüber **konstruktiv** zu **kommunizieren** bedeutet, wirklich zuzuhören, ernst zu nehmen und sich zu öffnen. Nur so können unterschiedliche Sichtweisen und Standpunkte **erfolgreich zusammengeführt** werden.

Und nur die kontinuierlichen Verbesserungen ermöglichen einen stabilen Unternehmenserfolg.

Manuela Moran

Melsungen, 05.01.2004

 → *Kommentar Seite 91*

MANUELA MORAN
Diplom-Kauffrau u. -Psychologin

Überblick über Zeugnisse und Bescheinigungen

Firmen	Zwischenzeugnis B. Braun Melsungen AG Arbeitszeugnisse Pharma Mann AG, Berlin Hoechst AG, Bad Hersfeld HF & FP Reemtsma GmbH, Berlin
Zeugnisse	FU Berlin, Diplom-Kaufmann FU Berlin, Diplom-Psychologie Allgemeine Hochschulreife Sprachschule Ainsboro, Kent
Weiterbildungen	Cash-Management, Frankfurt Marketing-Tag, Eschborn Workshops mit M. Birkenbiehl HDK Berlin, Graphik-Design Institut für Präsentation, Berlin

 → *Kommentar Seite 91*

Zu den Unterlagen von Manuela Moran

Leider ohne ein vorab geführtes Telefonat mit der Adressatin geführt zu haben, gibt das außergewöhnlich aufgebaute **Anschreiben** nicht nur Auskunft über die fachliche, sondern auch über die persönliche Qualifikation der Bewerberin.

Schön die klare Struktur, durch die der Leser schnell und effektiv informiert wird. Der generelle Aufbau ist gut gelungen. Die Gehaltsvorstellung wird mutig benannt – wir wissen nicht, ob freiwillig oder als Reaktion auf den Anzeigentext, in der Form aber geschickt, weil doch recht offen (Nennen einer Spanne).

Wenn nicht unbedingt notwendig, sollten Sie es in einem so frühen Bewerbungsstadium vermeiden, sich über die Gehaltsfrage zu äußern. In unserem Buch *Garantiert mehr Gehalt* haben wir uns ausführlich mit der richtigen Strategie der Gehaltsverhandlung und der Psychologie des Geldes beschäftigt.

Das **Deckblatt** mit der Wiederholung der Doppelqualifikation ist vorteilhaft und ansprechend gestaltet. Die Bezeichnung »Kandidatur« ist vielleicht etwas unglücklich getextet. Ergo: Nicht um jeden Preis sich etwas »Neues« ausdenken!

Die gewählte Präsentationsform des **Lebenslaufs** ist großzügig auf drei Seiten verteilt. Hier wirkt der erneute Hinweis auf die beiden Berufsabschlüsse etwas redundant. Gleichwohl verfügt die Bewerberin über außerordentliche Qualitäten, die sich grafisch bestimmt noch geschickter präsentieren ließen. Die Aufzählung der Hobbys verdeutlicht schon fast im Übermaß, dass wir es hier mit einer interessanten Bewerberin zu tun haben. Weniger wäre ganz sicher mehr.

Die nun folgende **Dritte Seite** ist ansprechend gestaltet, die Überschrift werbewirksam gewählt, und der Text nimmt für die Kandidatin ein – oder was meinen Sie?

Die Übersicht der **Anlagen** liest sich gut und ist vor allem – wie die gesamte Bewerbungsmappe – im Layout ausgesprochen attraktiv. Einzig das Deckblatt könnte eine Nuance eleganter sein. Die auseinander gezogenen Zeilen wirken etwas »klobig«.

Zum **Foto**: Das quadratische Format und der »angeschnittene« Kopf verleihen diesem Foto eine besondere Spannung. Gelungen!

Einschätzung

Eine recht interessante Bewerbungsmappe mit leichtem Verbesserungspotenzial. Insgesamt aber immer noch »gut«, vielleicht sogar besser.

Dipl.-Ing. Winfried Walters

Fritz-Hanschmann-Straße 3
04317 Leipzig
Tel./Fax : (03 41) 9 99 99

18. September 2003

Messeverwaltung der Stadt Leipzig
Herrn Xavier
Allee der Kosmonauten 220

04390 Leipzig

Ihre Anzeige in der Leipziger Volkszeitung vom 12.09.2003
Unser Telefonat vom 16.09.2003

Sehr geehrter Herr Xavier,

wie in unserem Telefonat vereinbart, sende ich Ihnen hier meine vollständigen Bewerbungsunterlagen.

Kurz zu meiner Person:
Ich verfüge über mehrjährige Erfahrung im IT-Bereich und habe zahlreiche Projekte, verbunden mit hoher Personalverantwortung, nachweislich erfolgreich durchgeführt.
Gerne möchte ich in absehbarer Zeit mein Aufgabengebiet und meinen Verantwortungsbereich verändern.
Deshalb strebe ich die von Ihnen angebotene Position des Bereichsleiters IT
der Messe Leipzig an.

Mein beruflicher Werdegang ist auf den folgenden Seiten meiner Bewerbungsunterlagen dokumentiert.
Für Fragen, die sich daraus ergeben, stehe ich Ihnen – gerne auch vorab telefonisch – jederzeit zur Verfügung.

Meine Gehaltsvorstellung bewegt sich im Bereich um 75 TEUR p. a.; zum 1. April 2004,
evtl. auch früher, könnte ich neue Aufgaben übernehmen.

Ich freue mich, von Ihnen zu hören, und grüße Sie

Winfried Walters

Anlagen

 → Kommentar Seite 104

Bewerbungsunterlagen für die

Messeverwaltung
der Stadt Leipzig

von Winfried Walters

Diplom-Ingenieur für EDV-Anlagen
Fritz-Hanschmann-Straße 3
04317 Leipzig
Tel./Fax : (03 41) 9 99 99

Leipzig, 18. September 2003

 → Kommentar Seite 104

LEBENSLAUF

Persönliche Daten

Winfried Walters
Diplom-Ingenieur für EDV-Anlagen
am 25.05.1950 in Leipzig geboren
verheiratet, zwei Kinder

Berufstätigkeit

seit 10.1998	**Leiter der Filiale Leipzig** Promarkt 2000 Software und EDV-Datentechnik GmbH **Produkte und Leistungen** Verkauf und Service von Hard- und Software, komplette Netzwerklösungen für Schulen, Behörden, Handwerksbetriebe **Umsatz** 4,5 Mio. Euro **Personalverantwortung** 11 Mitarbeiter
01.1990–09.1998	**Geschäftsführer** Computersysteme GmbH Leipzig **Produkte und Leistungen** Verkauf und Service von Hard- und Software, KHK-Softwarelösungen und Computernetzwerklösungen **Umsatz** 1,5 Mio. Euro **Personalverantwortung** 9 Mitarbeiter

Leipzig, 18. September 2003

 → *Kommentar Seite 104*

01.1983–12.1989	**Direktor für Organisation und Datenverarbeitung** VE Kombinat Luft- und Kältetechnik Leipzig 8 Kombinatsbetriebe, 3500 Mitarbeiter **Produkte und Leistungen** Luft- und Kältetechnische Anlagen, insbesondere für die elektronische Industrie **Umsatz** 150 Mio. Mark **Personalverantwortung** 15 Mitarbeiter, 3 Abteilungsleiter
08.1980–12.1982	**Direktor für Produktion und Organisation** VEB Ilka Leipzig 3 Betriebsteile, 2000 Mitarbeiter **Produkte und Leistungen** Klimatruhen sowie spezielle Klimatechnik **Umsatz** 50 Mio. Mark **Personalverantwortung** 15 Mitarbeiter
08.1977–07.1980	**Bereichsleiter Motorenfertigung** VEB MOT Leipzig 3 Betriebsstätten, 1 Hauptabteilung Technik und Instandhaltung **Produkte und Leistungen** Herstellung von Elektromotoren kleiner Leistung **Umsatz** 15 Mio. Mark **Personalverantwortung** 350 Mitarbeiter, 4 Hauptabteilungsleiter
11.1975–07.1977	**Assistent** des Betriebsdirektors VEB MLW Leipzig 5 Betriebsteile, 1 Berufsschule, 2200 Mitarbeiter **Produkte und Leistungen** Herstellung von Bohrmaschinen weltweiter Service **Umsatz** 250 Mio. Mark **Verantwortung** Produktionskontrolle 80 Mitarbeiter
03.1975–10.1975	**Abteilungsleiter** Vorschlags- und Patentwesen VEB MLW Leipzig **Personalverantwortung** 5 Mitarbeiter **Budgetverantwortung** 0,25 Mio. Mark

Leipzig, 18. September 2003

 → *Kommentar Seite 104*

08.1970–02.1975	**Sachbearbeiter** Vorschlagswesen VEB MLW Leipzig **Verantwortung** MMM-Bewegung (Messe der Meister von Morgen) **Budgetverantwortung** 75.000 Mark
03.1968–07.1970	**Elektromechaniker** im Elektrobüro VEB MLW Leipzig

Berufsausbildung/Weiterbildung

Juli 2001	Seminar Professionelle Lösungen mit Delphi IHK Leipzig
Mai 1996 und April 1998	Seminare Marketing und Digitales Marketing IHK Leipzig
April 1993 und März 1995	Seminare Netzwerktechnologie IHK Leipzig
1980, 1985, 1987, 1988	5 mehrwöchige Intensiv-Lehrgänge für leitende Mitarbeiter der Wirtschaft Institut für sozialistische Wirtschaftsführung des Ministeriums für Leichtindustrie / für Bezirksgeleitete Industrie Akademie für sozialistische Wirtschaftsführung beim Wirtschaftsrat des Bezirkes Leipzig
09.1970–07.1975	Abendstudium Ingenieur für EDV-Anlagen an der Universität Leipzig erfolgreicher Abschluss Juli 1975
–02.1968	Lehre zum Elektromonteur VEB MLW Leipzig erfolgreicher Abschluss Februar 1968

Schulbildung

09.1956–06.1966	Zehnklassige allgemeinbildende polytechnische Oberschule 13. Oberschule Leipzig

Leipzig, 18. September 2003

 → *Kommentar Seite 104*

Kenntnisse / Fähigkeiten

Fundierte Erfahrungen in der Führung und Leitung von Unternehmen
Kaufmännische Kompetenz

Pädagogische Fähigkeiten

Detaillierte Kenntnisse und praktische Erfahrung zur Planung, Errichtung und Installation von Computernetzwerken

Beherrschung der Betriebssysteme und aller gängigen Standard- und der wichtigsten Branchensoftware

Ausbilder- und Trainererfahrungen

Service an Computersystemen

Interessen

Mitglied im Automobil-Rennclub Leipzig

Video- und Bildbearbeitung mit speziell entwickelter PC-Technik

Meine Motivation

In meinem beruflichen Engagement bin ich stets von dem Gedanken ausgegangen, dass kaum etwas so gut sein kann, dass man es nicht jeden Tag ein bisschen besser, schneller, effizienter, kurzum intelligenter machen könnte.

Als ständige persönliche Herausforderung sehe ich das schnelle Erfassen von neuen Entwicklungen in Wirtschaft und Technik und die nutzbringende Umsetzung und Anwendung in meinem Verantwortungsbereich.

Fleiß, gesunder Menschenverstand und fachliche Kompetenz halte ich für die wesentlichen Dinge bei der Motivation und Führung mir anvertrauter Mitarbeiter.

Leipzig, 18. September 2003

Erfahrungsbasis

Sektoren	Industrie Handel Ausbildung Entwicklung Elektronische Innovationen
Praxis	Organisation und Organisationsentwicklung Computersysteme LAN und WAN Software und Softwareentwicklung Service Kongresse, Seminare und Lehrgänge Vorträge Messen und Ausstellungen
Sach-Themen	Netzwerke: Projektierung und Realisierung (Novell, Ethernet) Wartung und Service Netzwerk-Performance und Fehlerbeseitigung Netzwerk-Security-Management Netzwerkadministrator Datenbanken projektieren, einrichten, warten Implementierung von speziellen Softwarelösungen Firmenschulungen Computer: Installation, Einrichtung, Wartung von Betriebssystemen Konzipieren von Hard- und Softwareanforderungen Montage, Inbetriebnahme und Test Beratung und Verkauf Turbo-Pascal- und Delphi-Programmierung Ausbildung: Entwicklung und Organisation von Lehrgängen und Weiterbildungsangeboten Lehrtätigkeit (Betriebswirtschaft, Organisation, Datenverarbeitung) Personalentwicklung (Org./DV), Führungskräfteweiterbildung, allgemeine Mitarbeiterfortbildung Elektrotechnik: Elektroinstallation Fertigung von Drehstrommotoren kleiner Leistung Administration: Konzipieren, Einführung, Durchsetzung und Optimierung von Organisations- und Datenverarbeitungslösungen Koordinierung von Leistungen externer Vertragspartner Auftragserfassung und Controlling Entwurf und Gestaltung von Messen und Ausstellungen

Leipzig, 18. September 2003

 → *Kommentar Seite 104*

Anlagenverzeichnis

1. Arbeitszeugnis/Berufungsurkunde

Arbeitszeugnis Computersysteme GmbH

Berufungsurkunde zum Direktor für Organisation und EDV

2. Weiterbildungsnachweise

Seminar Professionelle Lösungen mit Delphi 2001

Seminare Marketing und Digitales Marketing 1996, 1998

Seminare Netzwerktechnologie 1993, 1995

Lehrgang CAD/CAM-Rechentechnik 1988

Lehrgang Führung/Organisation 1988

Lehrgang Rechentechnik 1987

Lehrgang CAD/CAM Akademie 1985

Lehrgang Führung/Organisation 1985

3. Ausbildungsabschlüsse

Abschlusszeugnis Ingenieur für EDV-Anlagen

Facharbeiterzeugnis Elektromonteur

4. Referenzen

Leipzig, 18. September 2003

➔ *Kommentar Seite 104*

1. Arbeitszeugnis/Berufungsurkunde

Arbeitszeugnis

05.10.1998 von Computersysteme GmbH

Berufungsurkunde

28.12.1982 vom VE Kombinat Luft- und Kältetechnik Leipzig

Leipzig, 18. September 2003

2. Weiterbildungsnachweise

Gleichzeitig Nachweis für meine im beruflichen Werdegang angegebenen Positionen

Teilnahmebestätigung

27.07.2001 Seminar Professionelle Lösungen mit Delphi
IHK Leipzig

Teilnahmebestätigung

23.05.1996 + 26.04.1998 Seminare Marketing und Digitales Marketing
IHK Leipzig

Teilnahmebestätigung

22.04.1993 + 25.03.1995 Seminare Netzwerktechnologie
IHK Leipzig

Teilnahmebestätigung

2.12.1988 Lehrgang Anwendung der CAD/CAM- und Rechentechnik
Institut für sozialistische Wirtschaftsführung des Ministeriums für Bezirksgeleitete Industrie

Teilnahmebestätigung

11.03.1988 Lehrgang Führung/Organisation
Institut für sozialistische Wirtschaftsführung des Ministeriums für Leichtindustrie

Teilnahmebestätigung

4.12.1987 Lehrgang Anwendung von Rechentechnik
Institut für sozialistische Wirtschaftsführung des Ministeriums für Leichtindustrie

Teilnahmebestätigung

19.11.1985 1. CAD/CAM-Zweitagelehrgang
Akademie für sozialistische Wirtschaftsführung beim Wirtschaftsrat des Bezirkes Leipzig

Teilnahmebestätigung

1.03.1985 Lehrgang Führung/Organisation
Institut für sozialistische Wirtschaftsführung des Ministeriums für Leichtindustrie

Leipzig, 18. September 2003

3. Ausbildungsabschlüsse

Abschlusszeugnis

3.07.1973 Universität Leipzig

Facharbeiterzeugnis

28.02.1967 Betriebsschule VEB MLW Leipzig

Leipzig, 18. September 2003

4. Referenzen

Auskunft über meine Person sowie über meine Tätigkeit insbesondere im Zeitraum von 01.1983 bis 12.1989 kann

Herr
Dr. Herrmann Engel
Zille Straße 83
04317 Leipzig
Tel.: (03 41) 1 01 18 28

ehemaliger Kombinatsdirektor des VE Kombinats Luft- und Kältetechnik geben.

Für den Zeitraum ab 1990

Herr
Karl Mayer
Badener Str. 73
12340 Berlin
Tel.: (0 30) 7 82 81 27

Hauptgesellschafter der
Computersysteme GmbH Leipzig.

Leipzig, 18. September 2003

Zu den Unterlagen von Winfried Walters

Ein kurzes, aussagekräftiges **Anschreiben** verdeutlicht, dass vorab telefoniert wurde, und benennt die Gehaltsvorstellung des Bewerbers.

Ein interessant gestaltetes **Deckblatt**, das anspricht und gleichzeitig über die notwendigen Daten angemessen informiert.

Das ästhetische Layout setzt sich auf den folgenden Seiten des **Lebenslaufs** fort. Ein geschickter Einstieg: Soziale Daten, kombiniert mit Foto und der aktuellen Berufstätigkeit, eröffnen die erste Seite. Es folgt eine gute, durchaus angenehm gegliederte Darstellung der beruflichen Entwicklung mit vielen Informationen. Die Hervorhebungen sind stringent durchgehalten und dienen wirklich der Übersichtlichkeit.

Alle Rubriken sind interessant gestaltet, inklusive eines hier an traditionellen Maßstäben gemessenen ungewöhnlichen, aber durchaus praktikablen Blocks zum Thema Motivation.

Die Seiten sind im Layout großzügig angelegt, obwohl die Schrift relativ klein ist. Trotzdem macht das Blättern und Lesen Spaß.

Die Beschreibung der Erfahrungsbasis des Bewerbers wird den Fachmann beeindrucken und bietet unserer Meinung nach angemessen viel Lesestoff.

Das wirklich differenzierte **Anlagenverzeichnis** entspricht zwar dem Gesamtkonzept, aber hier ist sicherlich auch der Punkt erreicht, an dem der Kandidat Gefahr läuft, »zu viel des Guten« zu tun. Zwischen den einzelnen Deckblättern befinden sich natürlich die Kopien der Arbeitszeugnisse, Berufsurkunden etc.

Die letzte Seite (Referenzen) hat etwas mit der spezifischen individuell-kollektiven Vergangenheit des Bewerbers zu tun.

Zum **Foto**: Das Format ist klassisch, der Bildausschnitt weniger. Der Kandidat lacht den Betrachter herzhaft an, eine durchaus nicht alltägliche Bewerberpose – aber warum nicht? Alternativen siehe unten.

Einschätzung
Eine ausführliche Bewerbungsmappe, die in ihrer Darbietungsform beeindruckt und sicherlich die Note »gut« verdient.

Alternativbilder** zu den Bewerbungsunterlagen von Winfried Walters. Vergleichen Sie dazu das **Bewerbungsfoto** auf* ***➔ Seite 94.

Dr. Andreas Anders
Diplom-Kaufmann
Brehmer Allee 134 b
40472 Düsseldorf
Tel. 02 11 / 3 52 87 62

Dr. Anders • Brehmer Allee 134 b • 40472 Düsseldorf

Rosenberg A.G.
Direktion
Frau Dr. Baseler
Rosenthaler Platz 1

85002 Nürnberg

31.05.2003

Unser Telefonat am heutigen Tage

Sehr geehrte Frau Dr. Baseler,

vielen Dank für das ausführliche Gespräch.
Hier, wie verabredet, meine Unterlagen.

Ich beabsichtige, mich zum Jahresende beruflich neu zu orientieren und würde sehr gerne für Ihr Unternehmen von Deutschland aus neue Vertriebsstrukturen im Bereich Sanitärkeramik entwickeln.

Meine jetzige Position bindet mich voraussichtlich bis zum 30.11.2003, sodass ich Ihren Wünschen gemäß vor dem Jahreswechsel die neu geschaffene Position in Ihrem Export-Headquarter in Nürnberg einnehmen kann.

Von Ihnen bald zu hören, würde mich sehr freuen;
bis dahin verbleibe ich

mit freundlichen Grüßen

Andreas Anders

Anlagen

Dr. Andreas Anders
Diplom-Kaufmann
Brehmer Allee 134 b
40472 Düsseldorf
Tel. 02 11 / 3 52 87 62

BEWERBUNGSUNTERLAGEN FÜR ROSENBERG A.G.

 ➔ *Kommentar Seite 112*

Dr. Andreas Anders
Diplom-Kaufmann
Brehmer Allee 134 b
40472 Düsseldorf
Tel. 02 11 / 3 52 87 62

03.08.1959	**Geburtsdatum**
Zürich	**Geburtsort**
verheiratet zwei Kinder ortsungebunden	**Familienstand**
Schweizer	**Nationalität**
Export Sales Director	**Position**
Sanitärkeramik	**Produkt**
Gres und *Geberit*	**Marken**

 → *Kommentar Seite 112*

Dr. Andreas Anders
Diplom-Kaufmann
Brehmer Allee 134 b
40472 Düsseldorf
Tel. 02 11 / 3 52 87 62

CURRICULUM VITAE

Berufspraxis

Sinmag S.R.L.
Mailand

Leitung des Gesamtexportes von Sanitärkeramik für die Markenprodukte *Gres* sowie *Geberit* in die Exportländer der Europäischen Union	seit 04.2000
Prokura	seit 01.1997
Exportleitung *Gres* für Ostblockstaaten Polen, GUS-Staaten, Rumänien, Ungarn	05.1995–12.1996
Exportsachbearbeitung *Gres* für Deutschland	04.1992–04.1995

La Turrita Ceramiche S.P.A.
Verona

Assistent der Exportleitung für Deutschland	08.1988–03.1992

Wand und Boden A.G.
Wien

Exportsachbearbeiter	04.1986–07.1988

Villeroy & Boch
Frankfurt a. M.

Trainee	01.1985–03.1986

 ➔ *Kommentar Seite 112*

Dr. Andreas Anders
Diplom-Kaufmann
Brehmer Allee 134 b
40472 Düsseldorf
Tel. 02 11 / 3 52 87 62

CURRICULUM VITAE

Ausbildung

Goethe Universität
Frankfurt a. M.

Promotion 06.08.1985

Studienschwerpunkt Außenhandelswirtschaft
Diplom in Betriebswirtschaft 31.10.1983
Gesamtnote: sehr gut

Eidgenössische Handelsakademie
Zürich

Betriebswirtschaftliches Vordiplom 15.09.1981

Wilhelm-Tell-Gymnasium
Zürich

Abitur 10.06.1978

 → *Kommentar Seite 112*

Dr. Andreas Anders
Diplom-Kaufmann
Brehmer Allee 134 b
40472 Düsseldorf
Tel. 02 11 / 3 52 87 62

ZUSATZQUALIFIKATIONEN

Französisch, Italienisch, Englisch, Russisch	**Fremdsprachen**
MS-Office Professional, KHK PC-Kaufmann, Unix, HTML	**EDV-Kenntnisse**
Klasse III	**Führerschein**
	Int. Marketing Ass. London
International Marketing Program Studies	10.2002
	Management Academy London
Rentabilitätsrechnung und Investitionscontrolling	08.2000
Investitionsgüter und Systemmarketing	10.1999
Arbeitstechnik, Führungsverhalten, Konfliktmanagement	06.1998
Rhetorik und Präsentation	01.1997
	Sprachkurse
Conversation-Business-English I und II Cambridge	05.2001, 07.2002
Russisch für Export-Trading St. Petersburg	04.2000

 ➔ *Kommentar Seite 112*

Dr. Andreas Anders
Diplom-Kaufmann
Brehmer Allee 134 b
40472 Düsseldorf
Tel. 02 11 / 3 52 87 62

ANLAGENVERZEICHNIS

Zwischenzeugnis Sinmag S.R.L.

Arbeitszeugnis/Empfehlungsbrief
La Turrita Ceramiche S.P.A.

Arbeitszeugnis Wand und Boden A.G.

Arbeitszeugnis Villeroy & Boch

Promotionsurkunde

Diplom

Fortbildungsnachweise

Zu den Unterlagen von Dr. Andreas Anders

Wie wirkt diese Bewerbungsmappe auf Sie?

Hier ist wohl kaum ein Kommentar notwendig, diese schönen Seiten sprechen für sich. Der Kandidat präsentiert sich mit außergewöhnlich ästhetisch gestalteten Bewerbungsunterlagen, wobei allen Bausteinen das gleiche Design zu Grunde liegt.

Dies zeigt sich bereits im **Anschreiben**, ein Beispiel, wie lohnend das Ergebnis sein kann, wenn man es wagt, die konventionellen Formen der Briefgestaltung zu verlassen.

Der Anschreibentext knüpft an ein Telefonat an, das im Rahmen einer Initiativbewerbung geführt wurde. Der Text ist absolut knapp gehalten und spiegelt den Stil der gesamten Bewerbungsmappe wider.

Ein fast minimalistisches, aber nicht weniger ästhetisches **Deckblatt** eröffnet den Reigen der Bewerbungsmappenunterlagen. Auf der ersten Seite präsentiert der Bewerber seine Sozialdaten und fügt Informationen über seine aktuelle Position hinzu. Die von uns sonst eher für überflüssig gehaltene explizite Anführung der Rubriken Geburtsdatum/Geburtsort/Familienstand etc. wirkt hier in der Umkehrung der üblichen Reihenfolge als besonderes Stilmittel, das wie die gesamte Mappe auf einen sehr motivierten Bewerber mit hohen Qualitätsansprüchen rückschließen lässt.

Auf den folgenden zwei Seiten sind **Lebenslauf**, Berufspraxis und Ausbildung in einer neuen, beeindruckenden Weise präsentiert. Eine Extraseite gibt Auskunft über die Zusatzqualifikationen und behandelt das Weiterbildungsengagement. Auch ohne **Dritte Seite** eine gelungene Komposition!

Selbst das **Anlagenverzeichnis** trägt zur ästhetischen Gesamtwirkung bei.

Zum **Foto**: Ein nicht alltägliches Foto für eine nicht alltägliche Bewerbungsmappe. Die Hand an der Wange ist eine mehrdeutig interpretierbare Pose: Die Spannbreite reicht von »Denker« über »Narziss« bis zum »Macher«, vielleicht aber auch das Gegenteil (müde, unsicher?). Ein nicht zu unterschätzendes Risiko. Sehr modisch mit zugeknöpftem Hemd ohne Krawatte, aber auch nicht jedermanns Geschmack. Die gezeigten Alternativen sind zwar etwas langweiliger – noch zu konservativ. Damit ist der Bewerber »auf der sicheren Seite«.

Einschätzung

Die Bewerbungsmappe ist ein richtiges kleines Kunstwerk. Wirklich exzellent, vielleicht das beste Beispiel in diesem Buch.

Alternativbilder** zu den Bewerbungsunterlagen von Dr. Andreas Anders. Vergleichen Sie dazu das **Bewerbungsfoto** auf* ***→ Seite 107.

Dr. Franz Follhardt, Ostpreußendamm 17, 12207 Berlin
Telefon: 0 30 / 8 71 27 13 • Mobilfunk: 01 71 / 85 86 87

Berlin, 1. April 2003

Aventis AG
Herrn Kobold
Bergstraße 60

73120 Frankfurt a. M.

Bewerbung als Dipl.-Chemiker für Kunststoffentwicklung
Ihre Anzeige in der FAZ vom 25.03.03

Sehr geehrter Herr Kobold,

hier wie telefonisch besprochen meine Bewerbungsunterlagen.

Nach Absolvierung des erweiterten technischen Projektmanagement-Lehrgangs möchte ich Ihnen gerne ab Jahresmitte bei den skizzierten Problemstellungen mein fachliches Know-how, meine Mitarbeit anbieten.

Ich habe mich bereits mehrere Jahre intensiv mit der Qualitätskontrolle von Elastomeren und Polymeren beschäftigt. Auch ein Teilgebiet meiner Promotion befasst sich mit der Sicherung von Qualitätsstandards bei Polyurethan-Formteilen.

Zum 1. Juli 2003 könnte ich bereits Ihrem Unternehmen zur Verfügung stehen, und ich freue mich, bald von Ihnen zu hören.

Mit freundlichen Grüßen aus Berlin

Anlagen

 → *Kommentar Seite 119*

Dr. Franz Follhardt, Ostpreußendamm 17, 12207 Berlin
Telefon: 0 30 / 8 71 27 13 • Mobilfunk: 01 71 / 85 86 87

Bewerbung als Diplom-Chemiker für Kunststoffentwicklung
bei der Aventis AG in Frankfurt a. M.

 ➔ *Kommentar Seite 119*

Zu meiner Person

Persönliche Daten

Dr. Franz Follhardt, Diplom-Chemiker
geboren am 03.08.1956
in Wismar
unverheiratet, ortsungebunden

Kenntnisse, Erfahrungen und Fähigkeiten

Entwicklung und Verarbeitung von Kunststoffen und Thermomaterialien

Qualitätssicherung nach ISO 9000 ff.

Grundlegendes Wissen der Volks- und Betriebswirtschaft

Verhandlungs- und Gesprächsführung

Berichterstattung gegenüber Industriepartnern

Konzeptionelle und organisatorische Arbeit im Vertrieb

Akquisition und Kundenbetreuung

Mitarbeiterführungsverantwortung

Lebenslauf

Berufstätigkeit

1998–2002	**Verkaufsrepräsentant**, Freudenberg AG Geschäftsbereiche: Technische Kunststoffe, Polyester
1993–1997	**Verkaufsrepräsentant**, Dünnwald AG Geschäftsbereiche: Kunststoffe und Elastomere
1989–1990	**Qualitätskontrolle** für die Kunststoff verarbeitenden Kombinate Friedrich-Engels-Werke in Rudolstadt/Thüringen
1986–1989	**Abteilungsleiter** für Forschung und Entwicklung in der Berliner Zentrale des Kombinates Friedrich Engels, Polyesterwerk Berlin
1980–1983	**Wissenschaftlicher Mitarbeiter** im Institut für Angewandte Polymerforschung (IAP) in Teltow-Seehof unter Professor Heinz Zimmermann

Berufliche Aus- und Weiterbildung

seit 1. Januar 2003	Erweitertes technisches Projektmanagement
1992–1993	Technisches Projektmanagement Schulungszentrum Hamburg (Berlin) mit den Schwerpunkten: Betriebswirtschaftslehre Projektmanagement Buchführung, Controlling Recht (BGB, HGB), Gesellschaftsrecht EDV
1990–1991	Fortbildung in Verkaufstraining, Wirtschaftsenglisch, Moderne Kunststoffentwicklung
1983–1986	Doktorarbeit an der Technischen Universität Dresden zum Thema: Entwicklung und Fertigung von Polyurethan-Formteilen
1985	Sprachausbildung in Französisch
1977–1982	Studium in der Fachrichtung Kunststofftechnik an der Technischen Universität Dresden Schwerpunkte: • Allgemeiner Maschinenbau • Konstruktion und Anwendung von hochpolymeren Werkstoffen
1975–1977	Wehrdienst bei der Luftwaffe der Nationalen Volksarmee Einsatz in der Logistik der Armee-Einheit in der technischen Beschaffung

 ➔ *Kommentar Seite 119*

Bildungsweg

1963–1975	Schulausbildung Allgemeine Hochschulreife

Kenntnisse und Interessen

EDV	Programme: MS-Word, MS-Excel, MS-Projekt, DATEV, mySQL
Fremdsprachen	Englisch in Wort und Schrift, Französisch, Russisch
Führerschein	Klasse 3
Interessen	Segeln, Reiten, Wandern Börsenbetrieb

Berlin, 1. April 2003

Franz Follhardt

 → *Kommentar Seite 119*

Dr. Franz Follhardt, Ostpreußendamm 17, 12207 Berlin
Telefon: 0 30 / 8 71 27 13 • Mobilfunk: 01 71 / 85 86 87

Was Sie noch über mich wissen sollten ...

Mit dem Ziel, meine Arbeitswelt verantwortungsbewusst und aktiv mitzugestalten, habe ich mein Wissen kontinuierlich erweitert und dieses dann in der Praxis erprobt und umgesetzt. Dabei erwarb ich nicht nur Erfahrungen in den Bereichen der Konstruktion, Fertigung und Qualitätssicherung sowie des Vertriebs, sondern ich entwickelte neben meiner Fähigkeit zum selbstständigen und eigenverantwortlichen Arbeiten auch soziale Kompetenz und Führungsvermögen. Der Umgang und die zielorientierte Zusammenarbeit mit anderen Menschen sind für mich persönlich von großer Bedeutung.

Mein berufliches Engagement auf verschiedenen Fachgebieten zeigt meine Flexibilität und den Mut, Bewährtes zu verlassen, um Neues zu entdecken.

In der Ergänzung meines bisherigen beruflichen Profils durch eine wirtschaftlich-kaufmännische Fortbildung sehe ich eine solide Grundlage für meinen weiteren Berufsweg.

Berlin, 1. April 2003 Franz Follhardt

Zu den Unterlagen von Dr. Franz Follhardt

Das persönliche **Anschreiben** ist angenehm kurz, präzise und knüpft an ein vorab geführtes Telefonat an. Hauptaussage: Der Kandidat hat sich mit den potenziellen Arbeitsinhalten der neuen Position bereits beschäftigt.

Trotzdem fehlt hier der Hinweis auf eine positive Berufsidentität. Welchen Berufsausbildungsabschluss der Bewerber genau hat – obgleich die Promotion ihn als Vollakademiker ausweist –, bleibt zunächst leider im Unklaren. Ästhetisch: der Briefkopf.

Nach dem grafisch ansprechenden **Deckblatt** folgt eine neue Form der persönlichen Datenpräsentation – endlich auch einmal mit einer anderen Überschrift (Zu meiner Person) und angemessenem Platz für das Foto. Für den eiligen Leser wird Wichtiges prägnant und sehr übersichtlich an dieser exponierten Stelle auf den Punkt gebracht. Nun bereits bestens eingestimmt, blättert der Leser erwartungsvoll um.

Der folgende **Lebenslauf** (auf diese Überschrift zu verzichten, fällt schwer) ist nicht uninteressant aufgebaut und gestaltet, vom Umfang her gut lesbar, bei klarer Gliederung der Hauptabschnitte (Berufstätigkeit, Berufliche Aus- und Weiterbildung etc.). Ob nicht bereits ab der zweiten Seite des Lebenslaufs (und nicht erst auf der dritten) die Kopfzeile mit Name, Anschrift etc. sinnvoll ist, wäre zu diskutieren.

Die angegebenen Interessen lösen sicherlich Neugierde aus. Eine Frage zur aktuellen Einschätzung des Aktienmarktes wäre im Vorstellungsgespräch mit Sicherheit zu erwarten.

Die **Dritte Seite** beginnt mit einer Überschrift, die zum Lesen »verführt«. Inhaltlich wäre aber sicherlich noch einiges verbesserungswürdig.

Zum **Foto**: Ein nicht so richtig entspannt und glücklich wirkender Kandidat präsentiert sich mit nachlässig gebundener Krawatte. Das ist keine gute Werbung in eigener Sache, wenn auch das Format durchaus mutig ist. Die Alternative (s. u.) wäre hier deutlich besser, wenngleich sie nicht aus dem Rahmen des klassisch-konservativen Bewerbungsfotostils fällt.

Einschätzung

Zum Teil sehr gute, neue Ideen, einiges wäre aber auch noch zu optimieren, u. a. das Foto.

***Alternativbild** zu den Bewerbungsunterlagen von Dr. Franz Follhardt. Vergleichen Sie dazu das **Bewerbungsfoto** auf*
➔ Seite 115.

Lebenslauf

Name	Helmut Heller
Anschrift	Martin-Luther-Str. 33 D - 10777 Berlin
Telefon	+49 30 2 16 35 97
Geburtsdatum, -ort	27.11.1969, Hamburg
Nationalität	deutsch
Familienstand	ledig

Schulausbildung

1976–1982	Grundschule am Windmühlenberg, Berlin-Spandau
1982–1988	Lily-Braun-Oberschule/Gymnasium, Berlin-Spandau Allgemeine Hochschulreife

Hochschulstudium

seit 1989/SS	Studium der Physik an der Technischen Universität Berlin
1991/WS	Vordiplom in Physik, Gesamtnote „sehr gut“
1997	Diplomarbeit in Festkörperphysik, Fachgebiet: Halbleiter-Nanostrukturen
1998/SS	Abschluss des Studiums als Diplom-Physiker, Gesamtnote „gut“

Aufbaustudium

seit 1998/WS	Studium zum Wirtschaftsingenieur an der Technischen Fachhochschule Berlin, parallel zum Beruf als Abendstudium
2001/WS	Diplomarbeit in Marketing, Spezialisierung im Bereich strategisches Marketing, Investitionsgütermarketing
2002/SS	Abschluss des Studiums als Diplom-Wirtschaftsingenieur, Gesamtnote „gut“

Bisherige Tätigkeiten

1989	Praktikant (Feinmechanische Grundausbildung) Krone GmbH, Berlin-Zehlendorf
1989–1990	Studentische Hilfskraft für Maschineneinrichtung/-bedienung Siemens AG, Bereich Elektromechanische Komponenten, Berlin-Mariendorf (kontinuierliche Teilzeitbeschäftigung)
1990–1991	Werkstudent für Software-Implementierung/-test Sietec GmbH & Co. KG, Berlin (kontinuierliche Teilzeitbeschäftigung) Implementierung und Test von Programmmodulen für ein automatisiertes Lager- und Transportsystem auf Prozessrechnerbasis.

→ *Kommentar Seite 127*

(Bisherige Tätigkeiten)

1991 – 1998	ANGESTELLTER FÜR SOFTWARE-ENTWICKLUNG SOWIE PRODUKTBETREUUNG SIEMENS AG, BEREICH AUTOMATISIERUNGSTECHNIK, Berlin-Siemensstadt (kontinuierliche Teilzeitbeschäftigung) Produktbetreuung (PC-Interface-Karte und zugehörige Treibersoftware). Design, Implementierung, Test von Softwareschichten für die Kommunikation in der Mess-/Automatisierungstechnik im industriellen Einsatz, Dokumentation dieser Schichten für die Anwendungsprogrammierung.
seit 1998	ANSTELLUNG ALS ENTWICKLUNGSINGENIEUR FÜR PROJEKTKOORDINATION UND SOFTWAREENTWICKLUNG SIEMENS AG, BEREICH AUTOMATISIERUNGSTECHNIK, Berlin-Siemensstadt Fachliche Planung und Koordination eines Softwareprojektes: PC-basierte Anzeige- und Parametriersoftware für Messsysteme im industriellen Einsatz. Anleitung und Koordinierung von Mitarbeitern im Rahmen eines ressourcengesteuerten Projektmanagements. Out-Sourcing von Teilen des Entwicklungsprojektes, Aussteuerung der beteiligten Fremdfirmen. Design der Bedienoberfläche in Zusammenarbeit mit dem Marketing, Konzeption einer objektorientierten Software-Architektur, Implementierung von Kernteilen. Projektübergreifende Aktivitäten bei der Schaffung von Standards für allgemeine Bedienoberflächen im Geschäftsbereich. Einführung eines PC-Netzwerkes in der Entwicklungsabteilung (50 Personen) in Zusammenarbeit mit der IT-Abteilung, Schulung und Support der Mitarbeiter.

Weitere Aktivitäten

diverse Zeiten	(FREIBERUFLICHE) BERATENDE TÄTIGKEITEN AUF DEM GEBIET DER IV BEI VERSCHIEDENEN FIRMEN/ORGANISATIONEN: FINANZ- & VERMÖGENSVERWALTUNG, LANDESGESCHÄFTSSTELLE EINER PARTEI, GESCHÄFTSSTELLE EINER RECHTSFÄHIGEN STIFTUNG Beratung in Fragen der Datenstrukturierung und -organisation. Unterstützung beim Einsatz von Office-Applikationen. Einweisung in den Umgang mit IV im Büro.

Besondere Kenntnisse und Fähigkeiten

Sprachen	Englisch: fließend in Wort und Schrift Französisch: Grundkenntnisse
IT	Erfahrung im Umgang mit: • Projektplanung • Standard Office-Anwendungen (Präsentation, Textverarbeitung, Tabellenkalkulation etc.) • Web/Internet basierende Applikationen Weitere Kenntnisse in: • Software-Entstehungszyklus (Analyse, Design, Implementierung, Test) • Objektorientierung in Analyse, Design und Implementierung • Configuration Management Tools

Persönliche Interessen

Wissenschaft allgemein, Mitgliedschaften in

- „Deutsche Physikalische Gesellschaft e.V.“, Bad Honnef
- „Wilhelm-Foerster-Sternwarte e.V.“, Berlin

Gemeinsame Unternehmungen mit Freunden (kulturelle Ereignisse)
Schwimmen, Tischtennis

Curriculum Vitae

NAME	Helmut Heller
ADDRESS	Martin-Luther-Str. 33 D-10777 Berlin
TELEPHONE E-MAIL	+49 30 2 16 35 97 HelmutHeller@compuserve.com
DATE OF BIRTH PLACE OF BIRTH	November 27, 1969 Hamburg
NATIONALITY	German

Career Development

1998 to present

PROJECT ENGINEER, SOFTWARE DEVELOPMENT
SIEMENS AG, INDUSTRIAL AUTOMATION DIVISION, Berlin

Project Manager for a software development project:
PC based visualisation and control software used in industrial automation environment. General design considerations together with marketing team, defining software architecture design (object oriented approach, basics even for other projects), implementing core parts, defining test cases.

Out-Sourcing parts of the development task, coordinating and controlling external development staff.

Defined and installed a PC network environment in cooperation with the IT department, suiting the needs of a 50-employees development department. Prepared and held IT information courses for the development department.

Consulting and supporting quality assurance engineering group.

Maintaining and improving already settled software products.

1991–1998

EMPLOYMENT AS A SOFTWARE ENGINEER
SIEMENS AG, INDUSTRIAL AUTOMATION DIVISION, Berlin
(continuous parttime employment)

Product maintenance and customer support for a product consisting of a PC interface card and a corresponding software driver.

Designed and implemented interface layers for communication protocols in (PC based) industrial communication process environment.

Documentation for application development using those interface layers.

1990–1991

EMPLOYMENT AS A PROGRAMMER
SIETEC GMBH & CO. KG, Berlin
(continuous parttime employment)

Implemented program modules in mainframe environment as parts of an automation system for a warehouse.
Created and applied test cases.

 ➔ *Kommentar Seite 127*

Education

April 2002	DIPLOM-WIRTSCHAFTSINGENIEUR (POSTGRADUATE B.A., ENGINEER IN BUSINESS ADMINISTRATION) Technical University (Polytechnic) of Berlin Main attention on marketing, especially concerning strategy and business-to-business aspects.
May 1998	DIPLOM-PHYSIKER (M.Sc. IN PHYSICS) Technical University of Berlin Spezialized in condensed matter and semiconductor physics, top research on principles of epitaxial growth of semiconductor layers.
Dec. 1988	ABITUR (A-LEVEL) Lily-Braun-Oberschule/Gymnasium (Grammar School), Berlin

Further Practical Experience

at various times	CONSULTING ACTIVITIES AS A FREELANCER, CONCERNING USAGE OF IT AT DIFFERENT ORGANIZATIONS: (capital investment organization, headquarter of a party, head-office of a foundation): Consultation in how to organize data in an office environment, training and supporting office staff in using office applications.
1989–1990	SIEMENS AG, ELECTROMECHANICAL COMPONENTS DIVISION, Berlin-Mariendorf Vacation job. Adjusted and operated production machine for relays.
1989	KRONE GmbH, Berlin-Tempelhof Practical Studies

Skills

LANGUAGES

German: native speaker
English: fluent (spoken and written)
French: working knowledge

IT

Applications
- project management
- standard office applications
  (presentation, word processing, data spreadsheet etc.)
- Web based tools

SW engineering
- Object oriented analysis, design & implementation
- Corresponding development & configuration management tools

Operating Systems
- MS Windows
- Unix

Personal Interests

Actual Development in Science
Member of "Deutsche Physikalische Gesellschaft e.V.", Bonn
Member of "Wilhelm-Foerster-Sternwarte e.V.", Berlin

Meeting friends for free-time activities (cultural events)
Swimming, playing table-tennis

 → *Kommentar Seite 127*

Lebenslauf

Helmut Heller

Diplom-Wirtschaftsingenieur und -Physiker

Martin-Luther-Str. 33
D - 10777 Berlin

Tel. +49 30 2 16 35 97

geboren am 27.11.1969 in Hamburg

ledig, ortsungebunden

Bisherige Tätigkeiten

seit 1998

ANSTELLUNG ALS ENTWICKLUNGSINGENIEUR FÜR PROJEKTKOORDINATION UND SOFTWAREENTWICKLUNG
SIEMENS AG, BEREICH AUTOMATISIERUNGSTECHNIK, Berlin-Siemensstadt

Fachliche Planung und Koordination eines Softwareprojektes:
PC-basierte Anzeige- und Parametriersoftware für Messsysteme im industriellen Einsatz.

Anleitung und Koordinierung von Mitarbeitern im Rahmen eines ressourcengesteuerten Projektmanagements. Out-Sourcing von Teilen des Entwicklungsprojektes, Aussteuerung der beteiligten Fremdfirmen.

Design der Bedienoberfläche in Zusammenarbeit mit dem Marketing, Konzeption einer objektorientierten Software-Architektur, Implementierung von Kernteilen.

Projektübergreifende Aktivitäten bei der Schaffung von Standards für allgemeine Bedienoberflächen im Geschäftsbereich.

Einführung eines PC-Netzwerkes in der Entwicklungsabteilung (50 Personen) in Zusammenarbeit mit der IT-Abteilung, Schulung und Support der Mitarbeiter.

1991–1998

ANGESTELLTER FÜR SOFTWARE-ENTWICKLUNG SOWIE PRODUKTBETREUUNG
SIEMENS AG, BEREICH AUTOMATISIERUNGSTECHNIK, Berlin-Siemensstadt
(kontinuierliche Teilzeitbeschäftigung)

Produktbetreuung (PC-Interface-Karte und zugehörige Treibersoftware).

Design, Implementierung, Test von Softwareschichten für die Kommunikation in der Mess-/Automatisierungstechnik im industriellen Einsatz, Dokumentation dieser Schichten für die Anwendungsprogrammierung.

 → Kommentar Seite 127

1990–1991	Werkstudent für Software-Implementierung/-test Sietec GmbH & Co. KG, Berlin (kontinuierliche Teilzeitbeschäftigung) Implementierung und Test von Programmmodulen für ein automatisiertes Lager- und Transportsystem auf Prozessrechnerbasis.
1989–1990	Studentische Hilfskraft für Maschineneinrichtung/-bedienung Siemens AG, Bereich Elektromechanische Komponenten, Berlin-Mariendorf (kontinuierliche Teilzeitbeschäftigung)
1989	Praktikant (Feinmechanische Grundausbildung) Krone GmbH, Berlin-Zehlendorf

Weitere Aktivitäten

diverse Zeiten	(Freiberufliche) Beratende Tätigkeiten auf dem Gebiet der IV bei verschiedenen Firmen/Organisationen: Finanz- & Vermögensverwaltung, Landesgeschäftsstelle einer Partei, Geschäftsstelle einer rechtsfähigen Stiftung Beratung in Fragen der Datenstrukturierung und -organisation. Unterstützung beim Einsatz von Office-Applikationen. Einweisung in den Umgang mit IV im Büro.

Aufbaustudium

2002/SS	Abschluss des Studiums als Diplom-Wirtschaftsingenieur, Gesamtnote „gut"
2001/WS	Diplomarbeit in Marketing, Spezialisierung im Bereich strategisches Marketing, Investitionsgütermarketing
seit 1998/WS	Studium zum Wirtschaftsingenieur an der Technischen Fachhochschule Berlin, parallel zum Beruf als Abendstudium

Hochschulstudium

1998/SS	Abschluss des Studiums als Diplom-Physiker, Gesamtnote „gut"
1997	Diplomarbeit in Festkörperphysik, Fachgebiet: Halbleiter-Nanostrukturen
1991/WS	Vordiplom in Physik, Gesamtnote „sehr gut"
seit 1989/SS	Studium der Physik an der Technischen Universität Berlin

Schulausbildung

1982–1988	Lily-Braun-Oberschule/Gymnasium, Berlin-Spandau Allgemeine Hochschulreife
1976–1982	Grundschule am Windmühlenberg, Berlin-Spandau

Besondere Kenntnisse und Fähigkeiten

Sprachen	Englisch: fließend in Wort und Schrift Französisch: Grundkenntnisse
IT	Erfahrung im Umgang mit: Projektplanung Standard Office-Anwendungen (Präsentation, Textverarbeitung, Tabellenkalkulation etc.) Web/Internet basierende Applikationen Weitere Kenntnisse in: Software-Entstehungszyklus (Analyse, Design, Implementierung, Test) Objektorientierung in Analyse, Design und Implementierung Configuration Management Tools

Persönliche Interessen

Wissenschaft allgemein, Mitgliedschaften in
„Deutsche Physikalische Gesellschaft e.V.“, Bad Honnef
„Wilhelm-Foerster-Sternwarte e.V.“, Berlin
Gemeinsame Unternehmungen mit Freunden (kulturelle Ereignisse)
Schwimmen, Tischtennis

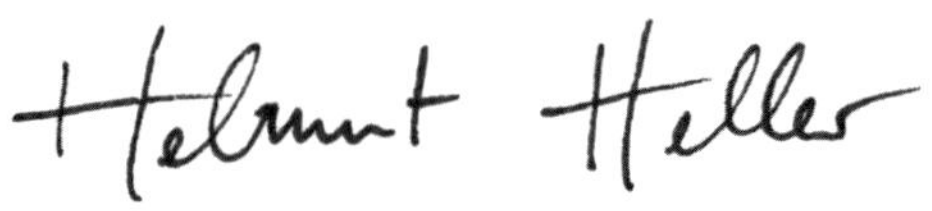

Berlin, 12.1.2004

Zu den Unterlagen von Helmut Heller

Lediglich aus Platzgründen verzichten wir hier auf das Anschreiben. Wir vergleichen drei Lebenslauf-Versionen, zwei deutschsprachige und eine englische.

1. Version

In der ersten Version präsentiert sich der Kandidat mit seinem **Lebenslauf** ganz klassisch (Schule, Studium, Tätigkeiten). Das **Foto** ist wie traditionell üblich auf der ersten Seite rechts oben platziert. Bei der Aufführung der bisherigen Tätigkeiten »spielt« der Bewerber mit so genannten Kapitälchen, um Textblöcke voneinander abzusetzen. Mit seinem außergewöhnlichen Doppelstudium ist der Bewerber sicher ein aussichtsreicher Kandidat. Der Personalauswähler möchte jedoch in der Regel schneller wissen, was Herr Heller aktuell konkret tut. Hierzu findet er aber erst auf der zweiten Seite nähere Informationen. Auch wirken die Seiten ein bisschen überladen, animieren nicht wirklich zum Lesen, und Platz für Datum und Unterschrift gibt es auch nicht. Sehr bedauerlich!

2. Version

Die zweite Version für eine Bewerbung in den USA hat einen anderen, den dort üblichen Aufbau und zeigt schon wesentliche Verbesserungen, obwohl inhaltlich der gleiche »Stoff« transportiert wird. Für Sie ein interessanter Einblick in den Bereich internationaler Bewerbungen.

Übrigens: In den USA bewirbt man sich ohne Foto!

3. Version

Die dritte Version versucht, die Vorteile der angloamerikanischen Präsentationsform zu adaptieren. Auf den vorangegangenen Seiten dieses Buches haben Sie bereits viele ähnliche Beispiele gesehen. Bei gleicher Schriftgröße ist die Präsentationsform gefälliger (z. B. Sozialdaten), und es wird mit den wirklich interessanten Informationen zur aktuellen Berufstätigkeit begonnen. Die Bereinigung von überflüssigen Einrückungen und die Entscheidung für drei statt zwei Seiten Lebenslauf lassen diese Version der ersten deutlich überlegen erscheinen. Jetzt ist auch Platz für die obligatorische Unterschrift.

Hätten wir hier zusätzlich **Deckblatt** und **Anlagenverzeichnis**, eventuell auch eine **Dritte Seite**, wäre diese Version noch »runder«.

Zu den **Fotos**: Der Kandidat ist fotogen, und beide Varianten haben etwas Gewinnendes. Die Auswahl ist also Geschmackssache.

Haben Sie bemerkt? Bei beiden deutschen Versionen fehlt die E-Mail-Adressen.

Einschätzung
Die zweite deutsche Version ist sicherlich in ihrer etwas großzügiger gestalteten Präsentation der ersten vorzuziehen.

Zur Kunst der (Selbst-)Darstellung in Wort und Bild

In sehr komprimierter Form wollen wir uns jetzt nach den praktischen Beispielen mit dem theoretischen Hintergrund zur Erstellung schriftlicher Bewerbungsunterlagen beschäftigen. Ausführlichere und mit zahlreichen Beispielen versehene Informationen zur Theorie und Strategie der Bewerbung finden Sie auch in unserem Spezialbuch *Handbuch Schriftliche Bewerbung* sowie in unserem Ratgeber *Neue Bewerbungsstrategien für Führungskräfte.*

Die zentrale Frage in diesem Stadium Ihrer Bewerbungsaktivitäten lautet: Was ist Ihre »Botschaft«, und gelingt es Ihnen, diese auch »rüberzubringen«, um eine Einladung zu bewirken?

Da wir es mit einer Werbeaktion in eigener Sache zu tun haben, ist es nicht nur gerechtfertigt, sondern auch hilfreich, sich zu verdeutlichen, dass Sie mit all Ihren schriftlichen Bewerbungsunterlagen eine Art »Verkaufsprospekt« präsentieren. Dieser besteht üblicherweise aus mehreren Unterlagen: Bewerbungsanschreiben, Lebenslauf, Foto und Zeugniskopien. Weitere Anlagen können sein: Zertifikate über besondere Schulungen, Kurse usw., evtl. eine Handschriftenprobe, in seltenen Fällen Referenzen/Empfehlungen oder gar das polizeiliche Führungszeugnis.

Nicht ohne Grund haben wir hier an erster Stelle das Anschreiben genannt. Gut formuliert, sollte es Aufmerksamkeit und Interesse wecken. Hilfreich für Ihr Bewerbungsschreiben ist dabei die AIDA-Formel aus der Werbepsychologie. AIDA steht für:

A = attention (Aufmerksamkeit für Ihre Bewerbung erzeugen)
I = interest (Interesse an Ihrer Person wecken)
D = desire (Wunsch entstehen lassen, Sie zum Vorstellungsgespräch einzuladen)
A = action (die Handlungsaktivität »Einladung« provozieren)

Es kommt also darauf an, in komprimierter Form alle wichtigen Argumente, die für Sie sprechen, Interesse auslösen und so zu einer Einladung führen können, gut formuliert vorzutragen. Der Leser soll neugierig gemacht werden auf Ihre weiteren Unterlagen und natürlich ganz besonders auf Sie als Person. Beim Lesen muss der Wunsch entstehen, Sie kennen zu lernen.

Neben den später ausgeführten wichtigen formalen Regeln sollten Sie bei Ihrem Bewerbungsanschreiben vor allem das alte Sprichwort »In der Kürze liegt die Würze« berücksichtigen und nicht mehr als eine Seite schreiben (optimale Lösung). 1 ½ bis maximal 2 Seiten sind nur in wirklich besonderen Fällen gerechtfertigt, erzeugen sie doch beim eiligen Leser häufig Ungeduld (»time is money«). Wer mehr schreibt, bringt sich um jede Chance. Erzählungen oder ganze Romane sind für den weiteren Bewerbungsverlauf absolut »tödlich«.

Spätestens an dieser Stelle sind jedoch einige relativierende Bemerkungen zur Bedeutung des Bewerbungsanschreibens notwendig. Nicht alle Personalentscheider werden Ihre Unterlagen in der Reihenfolge Anschreiben – Lebenslauf etc. lesen, sondern immer häufiger versucht der oft ja unter einem enormen Zeitdruck arbeitende Entscheidungsträger, sich zunächst einmal durch das flüchtige Blättern und Schauen in Ihrer Bewerbungsmappe einen ersten Eindruck zu verschaffen. Dabei geht es darum, schnell zu entscheiden, ob Ihre Bewerbung auf den großen Stapel »Zurück an den Absender« kommt (mit allen guten Wünschen für Ihre berufliche Zukunft und einem herzlichen Bedauern, verbunden mit der Bitte um Verständnis), oder auf dem kleinen »feinen« Stapel landet, mit dem sich der Personalentscheider noch einmal intensiver beschäftigen wird.

Für den ersten schnellen Durchgang durch die wahrscheinlich zahlreich eingesandten Bewerbungsmappen werden pro Mappe ein bis maximal (und wirklich nur in seltenen Fällen) zehn Minuten Bearbeitungszeit kalkuliert. Der Durchschnitt liegt eher um die drei Minuten. Diese wenige und umso wertvollere Zeit wird primär auf die beruflichen Daten verwandt (Entwicklung, Position etc.) und weniger auf das begleitende Anschreiben. Dieses ist oft stereotyp und deshalb wenig aussagekräftig (»Sehr geehrte Damen und Herren – hiermit bewerbe ich mich um ...«).

Zu einem späteren Zeitpunkt wendet man sich auf Auswählerseite natürlich auch dem Bewerbungsanschreiben zu und schaut sich die gesamten Unterlagen intensiver an, um zu der Entscheidung zu gelangen, wen man denn nun einlädt bzw. wer vorab telefonisch interviewt wird. Dies dient der Auswahl einer kleinen, möglichst überschaubaren Anzahl von Kandidaten, mit der man sich weiter befassen wird.

Bevor wir zum Aspekt »Layout« und der grafischen Gestaltung kommen (siehe Seite 135 ff.), beschäftigen wir uns zunächst einmal mit der Konzeption Ihrer Bewerbungsmappe und den entsprechenden Unterlagen, denn Ihr Anschreiben sollten Sie zu guter Letzt wie die Komposition einer Opernouvertüre konzipieren.

Der Lebenslauf

oder, zutreffender formuliert, der berufliche Werdegang scheint immer noch eines der wichtigsten Doku- und Argumente zu sein, das als Entscheidungskriterium für oder gegen Sie ausgelegt wird. Personalauslese-Profis sind sogar der Meinung, die Analyse des eingereichten Lebenslaufs stelle die entscheidende »Weiche« für die Einladung zum Vorstellungsgespräch.

Im Gegensatz zur landläufigen Meinung gibt es übrigens bei der Bewerbung nicht nur einen ein für alle Mal feststehenden Lebenslauf, sondern immer mehrere Varianten. Notwendig ist dabei die jeweilige »Anpassung« an die Besonderheiten (Anforderungsmerkmale etc.) des angestrebten Arbeitsplatzes.

Form, Gliederung, Inhalt

Worauf kommt es an? Die wichtigen Informationen und Argumente, die für Sie sprechen, müssen klar und übersichtlich geordnet sein. Man bevorzugt heute natürlich computergeschriebene, tabellarische Lebensläufe, die ohne weiteres länger als eine Seite sein dürfen. Dabei sind Sie in der grafischen Gestaltung relativ frei. Ausformulierte oder mit der Hand geschriebene Lebensläufe (maximal 1–2 Seiten) sind nahezu unüblich für Führungskräfte (Ausnahmen gibt es manchmal ab einem Gehalt von etwa 150.000 EUR) und eigentlich nicht einmal mehr auf ausdrückliche Anforderung hin anzufertigen. Wir warnen also davor und raten dringend ab, geht es doch meistens nur darum, eine Art Handschriftenprobe von Ihnen zu bekommen. Diese können Sie einfacher und überzeugender auf einer Dritten Seite produzieren. Dazu aber etwas später mehr.

Dem Lebenslauf, oder besser: Ihrer hier dargestellten beruflichen Entwicklung, will man entnehmen, ob Sie auf Grund Ihrer fachlichen Kompetenz und Ihrer Persönlichkeit für die angebotene Position geeignet sind.

Zwei Aspekte sind es primär, denen Personalchefs und Arbeitgeber beim Studium Ihres Lebenslaufs besondere Bedeutung beimessen: Zeitfolge- und Positionsanalyse.

Die Zeitfolgeanalyse wird erstellt, um möglichen Lücken in Ihrer Biografie auf die Spur zu kommen. Hinter »weißen Flecken« auf Ihrer biografischen Landkarte vermutet man Ungutes, wobei sich heutzutage auch auf diesem Einschätzungssektor etwas tut. Ein kurzzeitiges »off job« (Arbeitslosigkeit) hat lange nicht mehr die fatale Bedeutung, wie vor fünf bzw. zehn Jahren. Genauer unter die Lupe nimmt der Personalchef auch die Anzahl der unterschiedlichen Arbeitsplätze in einem bestimmten Zeitraum: Findet ein Arbeitsplatzwechsel in zu kurzen Abständen statt (d. h. deutlich unter fünf Jahren, wenn Sie die 33 überschritten haben), deutet das auf Schwierigkeiten oder mangelndes Durchhaltevermögen hin. Bei jüngeren Bewerbern wird dies jedoch meist anders interpretiert: Wer jung ist, darf ausprobieren (bis etwa 27 gilt: möglichst nicht unter zwei Jahren wechseln, dann bis 35 wenigstens drei, vier Jahre »aushalten«, danach möglichst nicht unter vier Jahren wechseln, ab Anfang/Mitte 40 nicht unter fünf).

Umgekehrt gilt: Wer erst nach zehn oder fünfzehn Jahren wechselt, dokumentiert damit angeblich eine mangelnde Flexibilität und in gewisser Weise vielleicht sogar Ängstlichkeit. Dies kann auch als Indiz für eine zu geringe Lern- und Anpassungsfähigkeit bzw. -bereitschaft gedeutet werden.

Die Positionsanalyse beschäftigt sich mit dem Auf- und Abstieg, Berufs- und Arbeitsgebiets- bzw. dem jeweiligen Aufgabenwechsel. Hier kommt es auf die Geradlinigkeit und Folgerichtigkeit an: Haben Sie ziellos im Leben mal dies, mal jenes gemacht oder sind Sie beruflich planvoll und konsequent vorgegangen? Wird ein »roter Faden« erkennbar?

Was bei der Gestaltung der Bewerbungsunterlagen von Ihnen verlangt wird, ist eine Art »Anpassungsübung«. Sie mögen noch so qualifiziert sein: Mit fehlerhaft – d.h. nicht normgerecht – abgefasstem Bewerbungsanschreiben und Lebenslauf werden Sie sehr wahrscheinlich gar nicht erst zum Vorstellungsgespräch eingeladen. Dies wäre vergleichbar mit dem Fauxpas, in legerer Freizeitkleidung zu einem Vorstellungsgespräch zu erscheinen, was ebenfalls »unangepasst« wäre und Sie umgehend aus der engeren Wahl herauskatapultieren würde. Eigentlich logisch und einleuchtend, aber wenn Sie einmal auf der »anderen Seite« sitzen würden und sehen, was Bewerber mit durchaus respektablen Berufserfahrungen und Positionen sich bei ihrer Bewerbung alles an »Formfehlern« erlauben, wüssten Sie, warum Personalchefs in Sachen Kandidatenauslese bisweilen recht zynisch-verbittert reagieren. Also mit anderen Worten: Es bedarf nur ein bisschen Mehr des Aufwands und der Mühe, und Sie haben wirklich die Chance, sich aus dem grauen Gros Ihrer Mitbewerber deutlich positiv abzuheben.

Inwieweit Sie sich anpassen und in ein bestimmtes Bild einfügen wollen, bestimmen jedoch immer noch Sie (oder Ihr Bankkonto bzw. andere zwingende Umstände).

Hier soll aber noch einmal verdeutlicht werden, dass es gar nicht um Ihren »Lebenslauf« im traditionellen Sinne geht (Vater, Mutter, Kindergarten, Schule, Ausbildung etc.). Die Bewerbungsmappe ist – wie bereits betont – eine Art »Verkaufsprospekt« und hat die Aufgabe, neugierig auf Ihre Person zu machen, Interesse auszulösen, Ihre Kompetenz zu vermitteln sowie Ihre Persönlichkeit und Leistungsmotivation zum Ausdruck zu bringen. All dies soll zu einer Einladung zum Vorstellungsgespräch führen.

Vieles, was Sie dazu in der Schule oder auch aus herkömmlichen Bewerbungsratgebern gelernt haben, ist völlig veraltet und unbrauchbar.

Folgendes Schema kann als Orientierung für die Gestaltung Ihres Lebenslaufs dienen. Nehmen Sie dieses Gerüst als Basis, um eine eigene Darstellung Ihres Werdegangs zu entwickeln:

Persönliche Daten
- Vor- und Zuname
- Anschrift/Telefon
- Geburtsdatum und -ort
- Religionszugehörigkeit (muss eigentlich nicht sein)
- Familienstand, ggf. Zahl und Alter der Kinder
- Staatsangehörigkeit (aber nur, wenn man nicht die deutsche Staatsbürgerschaft hat)
  (bitte die Eltern nicht mehr aufführen)

Schulbildung
- besuchte Schulen (Typen)
- Schulabschluss
  (alle Informationen mit grober Zeitangabe)

Ggf. Hochschulstudium (oder sonstige Ausbildung)
- Fach/Fächer
- Universität
- Schwerpunkte
- ggf. Thema der Examensarbeit/ggf. Promotion
- Art der Examina

Berufstätigkeit/Ausbildung
- ggf. Art der Berufsausbildung
- ggf. Ausbildungsfirma/-institution, evtl. mit Ortsangabe
- ggf. Abschluss, evtl. mit Hinweis auf besonderen Erfolg
- Berufsbezeichnungen oder -positionen, evtl. Kurzbeschreibung
- Arbeitgeber mit Ortsangaben
  (alles mit Zeitangaben)

Ggf. berufliche Weiterbildung
alles, was mit Ihrer Berufspraxis in Zusammenhang steht

Ggf. außerberufliche Weiterbildung
aufgepasst bei Kursen: Fremdsprachen ja, aber Vorsicht z. B. bei Fallschirmspringen oder Psychokurs: Welches Bild entwerfen Sie möglicherweise von sich?

Ggf. Sonderinformationen
z. B. über Auslandsaufenthalte während Schulzeit/Studium/Berufstätigkeit

Besondere Kenntnisse
z. B. Fremdsprachen, EDV, Führer- und andere Scheine, aber auch hier Acht geben und überlegen, welches Bild man von sich entwirft

Hobbys/Interessen
gern gesehen: künstlerische Tätigkeit, ehrenamtliches und/oder soziales Engagement, auch politisches (nur die richtige Richtung muss es natürlich sein), Sport (wichtig).

Dies alles will gut überlegt sein und sollte irgendwie zu Ihnen und Ihrer Bewerbung um den speziellen Arbeitsplatz passen; hier kann auch noch eine kleine Botschaft, Erklärung etc. untergebracht werden, wenn Platz ist und Sie eine Idee dazu haben (und sich damit nicht noch zu guter Letzt schaden ...)

Ort, Datum, Unterschrift
und am Ende bloß keine ehrenrührigen Erklärungen, Versicherungen, Schwüre etc.

und ein exzellentes, sympathisches Foto
z. B. (klassisch, ein bisschen langweilig) oben rechts (Rückseite mit Namen versehen für den Fall der Fälle), gut festgeklebt, nicht geklammert oder gar geheftet (wie gehen Sie mit sich um?) rundet den so genannten Lebenslauf (vornehm und sehr akademisch: Curriculum Vitae) ab.

Ganz bewusst haben wir darauf verzichtet, die einzelnen Bausteine (Themenblöcke etc.) zu nummerieren. Mit größter Wahrscheinlichkeit werden Sie mit Ihren persönlichen Daten anfangen und mit der Unterschrift aufhören. Die Abfolge zwischendrin ist weitgehend variabel, wie die zahlreichen Beispiele in diesem Schau-Buch eindrucksvoll belegen.

Viele Angaben im Lebenslauf sind optional. Die Nennung des Familienstandes ist beispielsweise nicht zwingend notwendig. Abzuraten ist von Selbstbeschreibungen wie »geschieden« oder »wiederverheiratet«, ggf. schreiben Sie »verheiratet« oder »unverheiratet«.

Übrigens: Die Darstellung des beruflichen Werdegangs kann man in der Regel nur für eine einzige Bewerbung verwenden. Wenn dieser wirklich überzeugen soll, muss er möglichst individuell und aktuell auf den anvisierten Arbeitsplatz zugeschnitten sein und entsprechend »frisch« wirken. Sie erreichen dies z. B. durch eine jeweils andere Schwerpunktwahl bei der Beschreibung Ihrer Arbeitsaufgaben.

Wegen der kleinen Unterschiede zwischen den diversen Bewerbungsmappen, die Sie auf verschiedene Arbeitsplatzangebote verschicken, ist es wichtig, sich Kopien anzufertigen, damit Sie sich ausreichend auf das Vorstellungsgespräch vorbereiten können und wissen, welche Version Ihres beruflichen Werdegangs Ihr Gegenüber von der Hand hat.

Von einer neuen Seite

Diesen innovativen Baustein in der schriftlichen Bewerbung haben Sie ausführlich in unseren Beispielen »studieren« können. Wir nennen ihn die Dritte Seite. Warum eine Botschaft dieser Art ein wichtiger neuer Bestandteil einer Bewerbungsmappe für Sie als Führungskraft ist?

Die im Bewerbungsanschreiben vorgetragenen Informationen und »Verkaufsargumente« werden in der Regel vom auswählenden Leser auf Arbeitgeberseite auch wegen der Vielzahl der eingehenden Bewerbungsunterlagen und des Zeitdrucks kaum oder doch viel zu wenig beachtet.

So wird der Anschreibentext – wie berichtet – häufig nur sehr flüchtig gelesen (30 Sekunden bis maximal 1,5 Minuten) – wenn überhaupt –, um sich dann der beigefügten Bewerbungsmappe – insbesondere dem Foto des Bewerbers –, seiner Ausgangsposition, seinen Interessen, Hobbys oder sonstigen Kenntnissen und den formalen Arbeitszeugnissen zuzuwenden. Dabei geht es immer um die zentrale Trias Kompetenz, Leistungsmotivation und Persönlichkeit des Kandidaten.

Stößt der Personalchef auf die für ihn neue, unerwartete Seite in Ihren Bewerbungsunterlagen mit der »verheißungsvollen« Überschrift …

Was Sie noch von mir wissen sollten …

… wie könnte er da widerstehen? Dieser Text wird bestimmt sehr aufmerksam gelesen und zur Kenntnis genommen. Wem es an dieser Stelle gelingt, in wenigen kurzen Sätzen das richtige Bild zu vermitteln, kann – wenn die anderen Eckdaten stimmen – mit einer Einladung zum Vorstellungsgespräch rechnen.

Diese Dritte Seite hebt Sie – vorausgesetzt, Sie haben eine schlüssige Botschaft überzeugend formuliert – positiv aus der Menge der Bewerber heraus. Eine fantastische Chance für Sie als Bewerber, als »Drehbuchautor« und »Regisseur« Ihrer »Verkaufs-« (d.h. Bewerbungs-)Unterlagen.

Diese zusätzliche, sich an den Lebenslauf, beruflichen Werdegang etc. anschließende Seite ist relativ neu und maßgeblich von uns in unserer Beratungspraxis, dem Büro für Berufsstrategie in Berlin, entwickelt worden. Vielen von uns betreuten Kandidaten hat nicht zuletzt dieses Novum eine Einladung zum Vorstellungsgespräch gebracht. Bereits seit Anfang der neunziger-Jahre praktizieren wir diese Methode mit großem Erfolg.

Etwas bekannter und bereits Bewerbungsstandard ist an dieser Stelle vielleicht eine Extraseite mit Auflistung von Publikationen, der Skizzierung von besuchten Fortbildungsveranstaltungen, besonderen Arbeitsschwerpunkten oder Projekten, die für Sie als den richtigen Kandidaten sprechen.

Bisweilen wird sogar noch eine Handschriftenprobe abverlangt, und manche Bewerber schreiben dann offensichtlich in Ermangelung kreativer Ideen skurrile Texte aus der Zeitung ab, was auch eine Art Dritte Seite darstellt (allerdings auf eine sehr unglückliche Weise).

Unsere Dritte Seite kann zusätzlich oder stattdessen verwendet werden und transportiert – richtig konzipiert – die entscheidenden Argumente, warum Sie als Bewerber unbedingt in die engere Auswahl gehören, also zum Vorstellungsgespräch eingeladen werden sollten.

Thematisch kommen Aussagen zu Ihrer Person, zu (Leistungs-) Motivation und Kompetenz infrage. Versuchen Sie aber bloß nicht, zu viele Informationen auf diese Seite zu pressen, das würde eher einen nachteiligen Eindruck hinterlassen. Schließlich handelt es sich ja um eine »Bonusseite«.

Inhaltlich darf die von Ihnen gewählte Botschaft in Zusammenhang stehen mit Aussagen im Anschreiben, Lebenslauf- und Arbeitsplatzstationen und darüber hinaus noch etwas persönlicher, pointierter formuliert sein. In Ihrer Überschriftengestaltung sind Sie ziemlich frei, wie unsere Beispiele belegen.

Ob Sie dann zum Abschluss Ihrer speziellen, ganz persönlichen Dritten Seite mit klassischer königsblauer Tinte unterschreiben oder nicht (Ort, Datum?), steht Ihnen frei. Wir jedenfalls empfehlen es.

Viele neue Möglichkeiten

Auf dem Weg zu einer neuen, spannenderen Präsentationsform können Sie sich gar nicht intensiv genug Gedanken darüber machen, wie Sie Ihren Verkaufsprospekt »komponieren«. Voraussetzung dafür ist natürlich eine ausführliche Vorbereitung und das Verständnis für die psychologische Leitlinie, Interesse und Sympathie für Ihre Person erwecken zu wollen.

Vernachlässigen wir dabei einmal den wichtigen Verpackungs-Aspekt (Mappenformwahl) ebenso wie das Bewerbungsanschreiben und verdeutlichen wir uns noch einmal, dass es neben den typischen, bekannten Bausteinen (Lebenslauf, Foto, Zeugnisse) neue, zusätzliche und sehr effektive weitere Komponenten gibt. Wir zählen dazu:

- das Deckblatt
- die Inhaltsübersicht
- die Einleitungsseite

- die Seite mit den persönlichen Daten
- der berufliche, persönliche Werdegang (so genannter Lebenslauf)
- die Dritte Seite
- evtl. eine Handschriftenprobe
- evtl. Referenzen
- das Anlagenverzeichnis
- Zeugnisse
- ggf. »Arbeitsproben«

Verstehen Sie sich bitte in der Rolle eines »Film-Produzenten«, der sich für ein besonderes Filmgenre entscheiden muss, sich einen Drehbuchautor und Regisseur sucht, bei der Auswahl des Hauptdarstellers ein entscheidendes Wort mitspricht und mit dem Film seinem Publikum eine spezielle Botschaft vermitteln möchte. Sie sind der Produzent Ihrer Unterlagen, der Drehbuchautor, bestimmen die Dramaturgie, und – wenn Sie zum Vorstellungsgespräch eingeladen werden – Sie sind logischerweise der Hauptdarsteller (siehe dazu auch unser Buch *Das erfolgreiche Vorstellungsgespräch*).

Sympathieträger Foto

Zu jeder guten Bewerbungsmappe gehört unbedingt ein gutes Foto.

Wer mit seinem Foto Sympathie mobilisieren kann, hat einfach die besseren Chancen, besonders dann, wenn die papierenen Qualifikationsnachweise doch nicht ganz so eindeutig für Sie sprechen. Die Macht der Bilder (hier des Fotos) sollten Sie nicht unterschätzen, und so ist auch an dieser Stelle wieder einmal höchste Sorgfalt und noch etwas mehr (Engagement, Einfühlungsvermögen ...) angezeigt.

Der Weg zur Fotografin, zum Fotografen lohnt sich wirklich. Keine alten Fotos, Urlaubsbilder oder gar Schnappschüsse bei der feuchtfröhlichen Familienfeier bzw. Fotos, auf denen Sie erklären müssen »Das da hinten links bin ich und das vorn ist Vetter XY ...«, sondern ein ansprechendes, professionelles Foto (Format etwa klassisch 5,5 x 4 cm oder etwas größer, evtl. auch ein anderes Format – z. B. quadratisch – aber bitte nicht gleich eine Fanpostkarte, Stichwort Narzissmus). Das Farbfoto verträgt am besten dezente Farben bei Kleidung und Make-up. Richtig »verkleiden« müssen Sie sich zum Fototermin natürlich nicht, aber überlegen Sie sich auch hier, welchen Eindruck Sie machen wollen.

Übrigens: Wir empfehlen Schwarzweißfotos und haben mit den hier ausgewählten Beispielen zeigen wollen, welche Möglichkeiten der Porträtierung »vorstellbar« sind.

Auf vier Kriterien wird besonders geachtet:

- Aussehen/Mimik
- die Kleidung bzw. das, was man von ihr sieht
- die fotografische Qualität
- das Format

Dezent geschminkt, die berufsangemessene (Ver-) Kleidung, entsprechende Frisur, alles gepflegt, gut gelaunt und dies auch noch ausstrahlend: so sollten Sie auf Ihrem Bewerbungsfoto erscheinen, also von Ihrer »Schokoladenseite«.

Lassen Sie sich gleich mehrere Male fotografieren, legen Sie die Bilder LebenspartnerInnen, FreundInnen und Bekannten vor und diskutieren Sie das »wohlgefälligste«, sympathischste und zugleich passendste Foto. Die Erfahrung in unserer Beratungspraxis lehrt, dass die Bewerbungskandidaten selten in der Lage sind, ein ansprechendes Foto von sich selbst auszuwählen. Dies überlassen Sie also besser der Mehrheitsentscheidung von Personen aus Ihrem Umfeld, denen Sie vertrauen.

Anlagen und andere wichtige Dinge

Bevor der eilige, aber neugierig gewordene Leser Ihrer Unterlagen in Ihre Anlagen »stolpert«, macht es sich gut, ihn durch eine Zwischenseite mit einer Anlagenübersicht vorzubereiten. Der Leser kann nun schnell entscheiden, ob er sich lieber ein etwas älteres Arbeitszeugnis anschaut, weil er die Firma und den Aussteller kennt, oder ob er sich Ihren Fortbildungsnachweisen widmet, weil ihn z. B. das Personalführungsseminar beim Seminaranbieter XY schon immer interessiert hat. Überzeugende Beispiele finden Sie in unserem Praxisteil.

Zeugnisse

Obwohl von Seiten der Personalchefs immer wieder behauptet wird, dass Schulnoten oder Inhalte von Arbeitszeugnissen wenig Bedeutung für die Einstellung eines Bewerbers oder einer Bewerberin haben, sondern dass es letztlich nur um die Kompetenz und den persönlichen Eindruck geht, lässt sich nicht leugnen, dass Zeugnisse bei der Vorauswahl von Kandidaten eben doch einen großen Einfluss haben.

Der Gesetzgeber setzt dem Arbeitgeber für die Abfassung von Zeugnissen enge Grenzen. Achten Sie unbedingt darauf, dass Sie ein korrektes Zeugnis erhalten. Nehmen Sie Einfluss und bestehen Sie ggf. auf einer Änderung, wenn das Zeugnis für Sie unvorteilhaft ist.

Alle notwendigen Informationen zum Thema *Arbeitszeugnisse* finden Sie in unserem gleichnamigen Buch, ebenfalls im Eichborn Verlag.

Handschriftenprobe

Sollte in der Stellenanzeige eine Handschriftenprobe verlangt werden, so ist davon auszugehen, dass man sich grafologisch mit Ihrer Handschrift auseinandersetzen wird, um etwas über Ihre Persönlichkeitsstruktur zu erfahren. Hier gilt: keine Panik. Denn die Relevanz dieser Untersuchungen ist äußerst umstritten, und Ihre Schrift ist ja nicht die einzige Aussage über Ihre Persönlichkeit. Sie sollten diesem Wunsch dennoch nachkommen und Ihren Unterlagen eine Schriftprobe beifügen.

Nutzen Sie hier die Gelegenheit, mit einigen wohlformulierten Sätzen Ihrem speziellen Interesse an gerade diesem Stellenangebot noch einmal Ausdruck zu verleihen!

Referenzen

Eine gute Referenz bietet eine Person aus Ihrem Berufszweig, die schriftlich niederlegt, dass Sie genau der/die Richtige für den Arbeitsplatz sind. Am besten natürlich ein Profi in der Branche oder jemand, der schon mit dem potenziellen Chef zusammengearbeitet hat. Das können meist nur Vorgesetzte sein, vielleicht in Ausnahmefällen eine Person, die öffentliche Autorität und/oder Kompetenz genießt.

Kennen Sie solche, von Personalfachleuten akzeptierte Personen? Sind Sie sicher, dass diese gern und in Ihrem Sinne bei eventuellen Anfragen positive Auskünfte über Sie erteilen würden? Wenn ja, toll, aber sprechen Sie sicherheitshalber die Referenz, insbesondere die wichtigsten Fähigkeiten, mit denen Sie beeindrucken wollen, vorher ab. Nicht unüblich ist auch das Einholen einer kurzen telefonischen Referenz über Ihre Person. Klären Sie diese Möglichkeit ab und bieten Sie sie offensiv an.

Haben Sie Zweifel, ob Sie jemanden um diesen Gefallen bitten können? Dann hilft nur eins: potenzielle Aussteller von Referenzen ansprechen und es herausfinden. Fällt Ihnen niemand ein, den Sie als akzeptablen Fürsprecher benennen können? – Plagen Sie sich nicht.

Arbeitsproben

In diesem Bewerbungsstadium sind Arbeitsproben (noch) kein Thema. Aber denken Sie daran: Ihre kompletten Bewerbungsunterlagen sind bereits eine erste Arbeitsprobe! Wenn Sie sich mit Ihrer Bewerbung Mühe geben, sich deutlich engagieren, werden Sie dies auch bei der Arbeit tun, ist die Folgerung.

Eine Ausnahme bilden kreative und wissenschaftliche Berufe. Werbeleute oder Grafiker können beispielsweise auf eine Anzeigenkampagne hinweisen, die sie entworfen haben. Wissenschaftler fügen Fachartikel bzw. eine Publikationsliste bei. Aber wie gesagt: das sind Ausnahmen.

Reagieren Sie sehr schnell auf eine Stellenanzeige, heißt das, dass Sie wichtige Dinge nicht auf die lange Bank schieben, ggf. aber auch, dass Sie es nötig haben (also besser nicht gleich am nächsten Tag nach Erscheinen der Anzeige schreiben, sondern nach einigen Tagen, nach einer Woche und dann möglichst nach einem Vorab-Telefonat).

Generell gilt: Heben Sie sich die konkreten Arbeitsproben für einen späteren Zeitpunkt auf. Wenn Sie die nächste Stufe, das Vorstellungsgespräch, erreicht haben, können Sie eventuell geeignete Arbeitsproben mitbringen.

Zuletzt: Ihr Bewerbungsanschreiben

Sie haben Ihren Werbeprospekt fertig, Ihre Bewerbungsmappe ist perfekt. Ihr Kommunikationsziel, Ihre Botschaft, Ihre Verkaufsargumente stehen schwarz auf weiß und überzeugend auf dem Papier.

Zu den formalen Aspekten und der optimalen grafischen Gestaltung kommen wir gleich. Nehmen Sie im nun zu verfassenden Bewerbungsanschreiben nur sehr kurz, wenn überhaupt, Bezug auf den Text im Stellenangebot. Besser, weil interessanter: Sie haben einen anderen Anknüpfungspunkt, wie z. B. ein vorab geführtes Telefonat, eine persönliche Empfehlung oder einen sonstigen Bewerbungsanlass.

Bringen Sie Ihre Qualifikation und Motivation auf den Punkt: Welche Argumente sprechen dafür, dass Sie die/der richtige Kandidat/in für die zu besetzende Stelle sind? Was sind Ihre Qualitäten (Kenntnisse, Fähigkeiten, Eigenschaften), die z. B. den im Anzeigentext genannten Anforderungen entsprechen? Warum bewerben Sie sich (Motivation), was ist Ihr Ausgangspunkt, und was sind Ihre Ziele? Ab wann sind Sie verfügbar?

Nach diesen vier, maximal acht gut formulierten, überzeugenden Sätzen endet Ihr Bewerbungsanschreiben mit der Bitte um ein Vorstellungsgespräch, der Grußformel, Ihrer Unterschrift und dem Hinweis auf die Anlagen.

A und O

beim Bewerbungsanschreiben sind ein gelungener »Auftakt« und ein guter »Abgang«, z. B. in Form eines sinnvollen PS.

Aller Anfang ist schwer, und gerade beim Bewerbungsanschreiben ist eine gute Eröffnung – ähnlich wie beim Schach – sehr wichtig. Typische und sehr langweilige Eröffnungen sind: »Hiermit bewerbe ich mich um …« oder »Ich beziehe mich auf Ihre Anzeige …«.

Beim Briefende werden schon weniger Fehler gemacht, aber auch hier gilt es, verbindlich-freundlich und gut zu formulieren. In diesem Buch finden Sie zahlreiche Beispiele.

Form

Es gibt ein paar einfache, aber wichtige Gestaltungsgrundregeln für Briefbögen.

Die Maße

Das Fensterfeld (bei Verwendung von Fensterumschlägen) beginnt auf einem DIN-A4-Blatt bei 4 Zentimetern (von oben gerechnet) und geht bis 9 oder 9,5 Zentimeter.

Ihr Briefkopf sollte sich an diesen Maßen orientieren, egal ob nun auf Mitte, rechts- oder linksbündig gesetzt oder im oberen, bzw. unteren Teil des Briefpapiers.

Bei 10,5 Zentimeter sitzt die Falzmarkierung zum Falten des Blattes.

Oben und unten sollten mindestens 1–1,5 Zentimeter Abstand zum Papierrand bleiben, links ca. 2–2,5 und rechts mindestens 1–1,5 Zentimeter.

Die Satzart des Textes

Hier wird in drei verschiedenen Textausrichtungen unterschieden, und zwar:

- **Mittelachse oder zentriert**
  Wählen Sie diese klassische, zentrierte Gestaltung, sollten auch Ihre Lebenslaufvorlagenblätter zentriert sein und nicht plötzlich rechts- oder linksbündige Adressfelder o. ä. aufweisen.

- **Rechtsbündig**
  Hier gilt dasselbe, bleiben Sie einer Satzart treu, es wirkt in sich logischer, strukturierter und ästhetisch harmonischer.

- **Linksbündig**
  Auch hier gilt: Halten Sie die einmal gewählte Form ein.

Die Schrift

Hier wird in drei grundsätzliche Schriftfamilien unterschieden, und zwar:

- **die Antiquaschriften,** erkennbar an den Serifen, d. h. den kleinen Haken an den Buchstaben (wie z. B. Times).

Diese Schriften werden hauptsächlich im Buch- oder Zeitungsdruck verwendet. Sie sind klassisch, konservativ und gediegen und eignen sich für Briefbögen, die dieses Image transportieren sollen.

- **die Groteskschriften,** erkennbar an klassisch geraden Linien (wie z. B. Helevtica oder Arial).
  Diese Schriften sind modern und neutral und eignen sich für Briefbögen, die ein solches Image transportieren sollen. Außerdem sind sie durch ihr klares Schriftbild von allen Schriften am besten lesbar.

- **die Schreibschriften,** erkennbar an geschwungenen Linien, wie mit Feder oder Pinsel geschrieben (wie z. B. *Zapf Chancery*).
  Sie sind eher künstlerisch und verspielt und eignen sich für Briefbögen, die ein solches Image transportieren sollen.

Viele dieser Schriften können Sie natürlich variieren, indem Sie sie (z. B. zur Betonung) **fett**, *kursiv* oder auch g e s p e r r t, d. h. mit größerer Laufweite oder einfach mit je einem Leerzeichen zwischen den einzelnen Buchstaben, absetzen, beim Wortzwischenraum müssen Sie dann natürlich auch entsprechend mehr manuelle Leerzeichen eingeben.

Kursive Schriften wirken übrigens dynamischer als gerade, was Sie ebenfalls als Gestaltungselement einsetzen können.

Schriftgrößen

- **Grundtexte**, wie z. B. Anschreiben, Lebenslauf und sonstige schreibt man meist in 10, 11 oder 12 Punkt Größe.

- **Überschriften**, z. B. innerhalb des Lebenslaufs, ca. 2–3 Punkt größer als den Grundtext, also 12 oder 13 Punkt und fett.

- **Fensterzeilen** in 8, 7 oder 6 Punkt, kleiner ist für das normale Auge schwer lesbar.

- **Antiqua- und Schreibschriften** sind oft bei gleicher Punktgröße kleiner als z. B. die Helvetica. Hier müssten Sie die Schriftgröße nach oben korrigieren, bis Sie Ihnen groß und lesbar genug erscheint.

Abstände

Die Abstände z. B. zwischen Überschrift und Grundtext sollten möglichst immer dieselben sein. Sie können die Zeilenumbrüche (Return-Taste am PC) auch einfach mitzählen. Auch Abstände zwischen gegliederten Textabschnitten im Lebenslauf, zu Linien oder zum Papierrand sollten gleich sein. So wirkt die Struktur Ihrer Unterlagen durchdacht und harmonisch.

Der Aufbau Ihrer Unterlagen sollte möglichst ein und demselben Schema folgen. Wenn Sie Ihren Text z. B. von oben immer auf gleicher Höhe beginnen, ziehen Sie dies über die ganze Bewerbungsmappe durch, desgleichen wenn Sie Ihre Textblöcke von unten her aufbauen und nach oben hin auslaufen lassen.

Übersichtlichkeit

Verwenden Sie nie mehr als zwei verschiedene Schriftarten innerhalb einer Gestaltung, weil dies die Übersichtlichkeit und Harmonie beeinträchtigt.

Es ist besser, Sie variieren innerhalb einer Schriftfamilie. Dort gibt es (wie z. B. bei der Helvetica) neben der Grundschrift meist noch **eine fette**, *eine kursive* und eine schmallaufende Variante usw.

Ihr Briefkopf

Wenn Sie sich einen eigenen Briefkopf gestalten wollen, sollten Sie die Punktgröße für den Namen nicht überdimensioniert groß wählen, 12–18 Punkt einer normalen Helvetica sind angemessen.

Gängige Größe für Adress- und Telefonnummerblock liegen zwischen 10 und 14 Punkt.

Sie können z. B. die Schrift statt schwarz auch einmal grau machen, was recht edel wirken kann oder Sie variieren mit einer Kombination aus beidem.

Vermeiden Sie beim zentrierten Satz nach Möglichkeit die unschön aussehende Treppenbildung.

Und nun noch ein paar Besonderheiten

Schreibschriften sollten besser im künstlerischen Berufsumfeld verwendet werden, sie eignen sich auch eher für Frauen als für Männer. Und nie in reinen

Großbuchstaben schreiben, weil dies zu Lasten der Lesbarkeit geht (wie z. B. GABRIEL GRUENWALD-GERLACH).

Linien können eine Gestaltung interessanter machen, aber auch hier gilt: *Weniger ist mehr.*

Bedenken Sie, dass Linien entweder trennen oder halten. Überlegen Sie also, was Sie innerhalb eines Textblocks logisch von etwas anderem trennen wollen, damit es z. B. mehr hervortritt oder wo Sie mit einer Linie halten und unterstützen möchten.

Sie sollten die Linien weder zu nah an den Text setzen, noch zu weit davon entfernt.

Wenn Sie Linien z. B. auf Ihrem Computer aus dem aneinander gesetzten Bindestrich erzeugen, ist die Linienstärke damit automatisch an die Schriftgröße gekoppelt, d. h. je größer die Schrift, desto dicker und stärker auch die Linie, was manchmal nicht mehr schön wirkt.

Erzeugen Sie Linien in Word aber mit der Zeichenfunktion, können Sie die Linienstärke extra einstellen und so trotz größerer Schrift noch ästhetische, haarfeine Linien erhalten.

Kapitale oder auch Kapitälchen, das sind größere Anfangsbuchstaben, machen eigentlich nur bei Großschreibung Sinn. Dafür sind sie ursprünglich auch konzipiert, weil sie so eben am meisten auffallen. Es gibt einige Schriftarten, meist Capitals oder auch Caps genannt, die es extra zu diesem Zweck nur in Versalien gibt.

Wollen Sie sich selbst Kapitale erstellen, müssen Sie nur groß schreiben und die jeweiligen Anfangsbuchstaben um 2–3 Punkt größer machen, als die restliche Schriftgröße. Kapitale wirken allerdings bei Antiquaschriften schöner als bei Grotesk- oder Modernschriften (s. GABRIEL GRÜNWALD-GERLACH in Times oder GABRIEL GRÜNWALD-GERLACH in Helvetica).

Moderne Kleinschreibung (wie z. B. gabriel grünwald-gerlach) sollten Sie, wenn Sie sich einmal dafür entschieden haben, über die ganze Briefbogengestaltung durchziehen und nicht plötzlich im Fensterfeld eine Variante mit Groß- und Kleinschreibung anwenden. Auch bei den Vorlageblättern, in die Sie z. B. ihren Lebenslauf einsetzen, sollten Sie dieselbe Grundform beibehalten, damit ihre Dokumente einen einheitlichen Gestaltungsstil aufweisen.

Telefonnummern werden generell in Zweiergruppen mit je einem Leerzeichen dazwischen geschrieben, wobei eine einzelne Zahl immer am Anfang steht.

Kontoverbindungen werden in Dreiergruppen mit je einem Leerzeichen dazwischen geschrieben, wobei hier eine einzelne Zahl immer am Ende steht.

Bilder, z. B. Ihr eingescanntes Bewerbungsfoto auf dem Lebenslauf, sollten Sie am besten ohne Rahmen und schon gar nicht mit breiten, trauerrandähnlichen oder Schmuckrahmen ausstatten.

Ein gutes Foto mit interessantem Bildausschnitt, vielleicht einmal im Querformat statt im Hochformat oder z. B. auch im Anschnitt, wirkt viel interessanter und ästhetischer.

Erwiesenermaßen funktioniert die menschliche Wahrnehmung immer noch zuerst über Bilder und dann erst über Text. Machen Sie sich dies zu Nutze und platzieren Sie Ihr Foto möglichst am Anfang Ihrer Unterlagen, evtl. schon auf einem einzelnen Deckblatt, direkt nach dem Anschreiben, oder als Vorblatt zum Lebenslauf zusammen mit den wichtigsten Aussagen, die Sie übermitteln möchten.

Verpackung

Das, was Sie inhaltlich mit Fantasie und Sorgfalt zu Papier gebracht haben, muss in einen entsprechenden formalen Rahmen eingebunden werden, der in der Papierauswahl, der Art der Präsentationsmappe und des Versandumschlags zum Tragen kommt. Hier geht es wie beim Layout Ihrer Texte um die Ästhetik. Die Wahl einer angemessen erscheinenden Darbietungsform, die Entscheidung für das richtige Bindesystem, wird Ihnen in einem Fotokopierladen, der in der Regel über eine größere Palette von farbigen Papiersorten bis hin zu den unterschiedlichsten Bindesystemen verfügt, viel leichter fallen.

Schnellhefter, Klemmmappen und Klarsichthüllen, die Präsentationssysteme des letzten Jahrhunderts, sind besonders für Sie als Führungskraft nicht zu empfehlen. Ob Thermo- oder Spiralbindesystem, Karton- oder Plastikumschlagdeckel – es gibt eine schier unglaubliche Anzahl von Möglichkeiten, die Ihre Unterlagen in das richtige formale und ästhetische Licht rücken.

Immer wieder werden bei der schriftlichen Bewerbung Formfehler gemacht. Hier allgemeine Empfehlungen für die Gestaltung der Bewerbungsunterlagen – das Wichtigste auf den Punkt gebracht:

- Verwenden Sie für Bewerbungsanschreiben und Lebenslauf ausschließlich gutes weißes oder dezent getöntes, nicht liniertes DIN-A4-Papier, das Sie nur einseitig beschreiben.
- Eigenes Briefpapier mit Name und Anschrift ist heutzutage mit moderner PC-Technik eigentlich gar kein Problem mehr. Noch schöner sind wertvolle Briefbögen im Tiefdruckverfahren.
- Benutzen Sie einen Computer mit einem guten Drucker (Tintenstrahl- oder Laserdrucker), die Verwendung eines Nadeldruckers ist absolut »out«.
- Rechtschreibung und Zeichensetzung müssen einwandfrei sein.
- Achten Sie auf eine übersichtliche, klare Gliederung.
- Achten Sie auf gute Platzeinteilung und angemessene Ränder (ca. 4 cm links und ca. 3 cm rechts).
- Flecken, Eselsohren, zerknülltes Papier fallen extrem negativ auf, aber alles in Klarsichtfolien »einzuschweißen« ist auch keine Lösung. Der schlimmste Fehler wäre, alle Unterlagen in eine Hülle zu zwängen, aus der sie der Personalchef dann nur mühsam hervorzerren kann.
- Das Anschreiben lose, die anderen Unterlagen am besten mit einem ästhetischen Bindungssystem Ihrer Wahl einheften. Etwas edlere Mappen, besser keine herkömmlichen Klemmmappen, eventuell moderne Einlegesysteme (z. B. Thermo-Bindesysteme, Vollmappen, Spiralbindesysteme usw.) bieten sich je nach Bewerbungsvorhaben an. Giftgrün oder pink sind eher ungünstig, weiß ist neutral, dazwischen gibt es eine große dezent-bunte Farbpalette. Verzichten Sie auf Muster und alle Arten von Gags.

Reihenfolge der Unterlagen:

- Lebenslauf (evtl. Foto oben rechts, gut festgeklebt, besser aber Extraseite)
- evtl. Handschriftenprobe
- Arbeitszeugnisse als Kopien in chronologischer Reihenfolge, begonnen wird mit dem zeitlich letzten Arbeitszeugnis
- Schul- und Ausbildungszeugnisse, Abschlüsse usw.
- weitere Unterlagen

Generell gilt: Je wichtiger die Unterlage, desto weiter vorne abheften.

- Für die Anlagen (Zeugnisse usw.) nur gute, neue Fotokopien verwenden. Achtung: Verwenden Sie keine Originale von Zeugnissen oder Bescheinigungen; Anschreiben, Lebenslauf und Handschriftenprobe müssen jedoch unbedingt Originale sein!
- Machen Sie sich Fotokopien von allen Unterlagen, die Sie verschicken, damit Sie nach sechs oder acht Wochen noch wissen, was man von Ihnen weiß.
- Verwenden Sie für die postalische Zusendung aller Unterlagen einen stabilen weißen DIN-A4-Umschlag mit kartoniertem Rücken; das Bewerbungsanschreiben lose auf die Mappe legen.
- Achten Sie auf korrekte Umschlaggestaltung – keine innovativen Experimente bei Adresse, Absender, Briefmarkenpositionierung (bloß keine Aufkleber, egal ob für Frieden, Umwelt oder Weihnachten).
- Versandart: ganz normal, nicht express (= zu sehr drängend, es gibt aber auch Ausnahmen, wo es doch akzeptabel ist) oder gar Einschreiben-Rückschein (= Zwangscharakter, wirklich nicht zu empfehlen).
- Wichtig: die richtige Frankierung.

Von Nachfass- und Absage-Antwort-Briefen

Auf der Seite 44 wird Ihnen ein besonderes Schreiben aufgefallen sein, der so genannte Nachfass-Brief: Hierbei geht es im Wesentlichen darum, in kurzer Form (eine Seite reicht vollkommen aus) noch einmal zu verdeutlichen, was Sie motiviert hat, sich für diesen Arbeitsplatz zu bewerben, was Sie besonders qualifiziert und – wenn nötig –, eventuell aufgetretene Einwände gegen Sie zu entkräften.

Ein geschickt formuliertes Nachfass-Schreiben wird Ihr Bewerbungsvorhaben einen gewaltigen Schritt nach vorn bringen.

Aber selbst bei einem Absageschreiben – bevor es zu einer persönlichen Begegnung gekommen ist – könnte Ihr Antwortbrief, richtig formuliert und terminiert, die Weichen durchaus noch einmal neu stellen. Voraussetzung: Sie haben wirklich etwas anzubieten.

Mehr zu diesen wichtigen Themen, aber auch zu der gezielten Unterstützung bei der Vorbereitung (Was sind meine besonderen Qualifikationen?) finden Sie in unseren im Anhang aufgeführten Spezialbüchern.

Schriftliche Bewerbungssonderformen

Nach den häufigsten Bewerbungsformen hier noch einige Sonderformen:

- die Bewerbung auf eine Chiffre-Anzeige,
- die Kurzbewerbung,
- die Initiativbewerbung.

Chiffre-Anzeigen haben die Funktion, den Inserenten und potenziellen Arbeitgeber zunächst anonym zu lassen, ihn zu schützen. Dies geschieht in der Regel aus folgenden Gründen:

Man möchte die durch ein zu frühes Bekanntwerden des »Personalkarussels« (einige springen auf, andere fliegen runter) ausgelöste Unruhe unter den Mitarbeitern vermeiden; man expandiert, verändert das Gefüge in den Abteilungen und will dies nicht jeden (insbesondere die Konkurrenz) wissen lassen; man hat als Unternehmen einen unbedeutenden Namen oder ein beschädigtes Image und versucht auf diese Weise, eine mögliche Bewerbungshemmschwelle zu umgehen.

Auf Chiffre-Anzeigen kann man mit einer Kurzbewerbung reagieren. Diese enthält lediglich das Bewerbungsanschreiben mit allen oben dargestellten wichtigen Fakten und Argumenten zu Ihrer Qualifikation und Bewerbungsmotivation, jedoch bis auf einen eventuell beigefügten Lebenslauf, besser beruflichen Werdegang (Kurzfassung) mit Foto noch keine weiteren Unterlagen. Es ist sogar durchaus nicht unüblich, lediglich ein 1- bis 1 1/2 -seitiges Anschreiben zu verschicken. Im Bewerbungsanschreiben sollte jedoch die Formulierung enthalten sein, dass Sie auf Wunsch gerne die ausführlichen Bewerbungsunterlagen nachreichen.

Um das Risiko, sich bei dem eigenen Unternehmen zu bewerben, auszuschalten, kann man die Bewerbungsunterlagen mit einem Sperrvermerk kennzeichnen: Die Bewerbungsunterlagen für die Chiffre-Anzeige kommen in einen Umschlag, der dann nicht wie üblich mit Name und Anschrift des Empfängers beschriftet, sondern lediglich mit folgender Aufschrift versehen wird: »Für die Chiffre-Anzeige A in der Zeitung B vom C.« Dieser Umschlag wird zusammen mit einem Begleitschreiben an die Anzeigenabteilung der betreffenden Zeitung in einen größeren Umschlag gesteckt, der lediglich Adresse und Anschrift der Zeitung sowie den Vermerk »Anzeigenabteilung« enthält, jedoch nicht die Chiffre-Nummer.

Das Anschreiben an die Anzeigenabteilung enthält die Bitte, die Bewerbungsunterlagen in dem separaten Umschlag nur dann weiterzuleiten, wenn es sich bei dem Anzeigen-Auftraggeber nicht um die Firma (bzw. Firmen) X, Y, Z handelt. Andernfalls bittet man um Rücksendung mit dem Zusatz »Porto zahlt Empfänger« bzw. bereitet dafür einen entsprechenden Umschlag mit Rückporto vor. Leider muss an dieser Stelle gesagt werden, dass einige Zeitungen nicht bereit sind, dieses Verfahren zu praktizieren, sondern Ihnen die Bewerbungsunterlagen mit einer kurzen Erklärung versehen komplett zurücksenden.

Die Kurzbewerbung kann auch bei einer unaufgeforderten, so genannten Initiativbewerbung angemessen sein. In diesem Fall dient die Kurzbewerbung beiden Seiten dazu, schnell abzuklären, ob die Chancen für ein weiterführendes Bewerbungsverfahren gut sind.

Die Initiativbewerbung muss natürlich ganz besonders die Dramaturgie der AIDA-Formel (s. Seite 128) berücksichtigen. Hier geht es vor allem darum, einen Bedarf deutlich zu machen und einen besonders guten »Verkaufsprospekt« in eigener Sache zu entwerfen.

Die Initiativbewerbung

Die sicherlich kürzeste Initiativbewerbung werden Sie noch kennen lernen: das Stellengesuch. Anschauliche, überzeugende Beispiele für die Gestaltung einer ausführlichen Initiativbewerbung finden Sie auf den Bewerbungsmappenseiten zuvor (siehe u.a. S. 105).

Bevor wir uns mit der Initiativbewerbung intensiver auseinandersetzen, kurz noch etwas zur verwirrenden Begriffsvielfalt für diese Vorgehensweise: Als Blind- oder Direktbewerbung, kalte, aktive oder unaufgeforderte Bewerbung tituliert, bisweilen auch fälschlicherweise als Kurzbewerbung bezeichnet, gibt es eine ganze Reihe von Namen, die immer ein und denselben Bewerbungsvorgang meinen. Der Bewerber nimmt von sich aus, also unaufgefordert, auf eigene Initiative Kontakt mit einem potenziellen Arbeitgeber auf, um sich und seine Fähigkeiten anzubieten.

Während der eine arbeitssuchende Kandidat seine Adressaten z.B. nach den Gelben Seiten des Telefonbuchs aussucht, konzentriert sich der andere auf meist im Wirtschaftsressort von Zeitungen oder Zeitschriften platzierte Fachartikel, die sich konkret mit einzelnen Firmen beschäftigen. Hierbei ist es fast egal, ob diese auf ein hundertjähriges Firmenjubiläum stolz sind, gerade eine bedeutende Innovation am Markt einführen wollen oder konkrete Absatzschwierigkeiten haben. Immer gibt es einen Anlass, den man aufgreifen kann, um die eigene Kompetenz und Mitarbeit anzubieten.

Das entscheidende Kommunikationsziel bei der Initiativbewerbung ist die gekonnte Verdeutlichung, warum man sich gerade für dieses spezielle Unternehmen interessiert und was man Besonderes anzubieten hat. Natürlich sind das Aspekte, die es bei jeder Bewerbung inhaltlich auszufüllen gilt; bei einer IB ist dies jedoch eine ganz besondere Herausforderung, denn es kommt darauf an, einen vielleicht noch gar nicht erkannten Bedarf zu wecken.

Und das bedeutet, Werbung in eigener Sache zu machen. Erinnert sei an die AIDA-Formel aus der Werbepsychologie. Also müssen Sie sich bei einer IB extrem sorgfältig vorbereiten und in Ihrer schriftlichen Argumentation besonders klug durchdacht auftreten. Ihre zentralen Botschaften sollten Auge, Herz und Verstand des Lesers und Entscheiders in kürzester Zeit erfolgreich und überzeugend erreichen und den unbedingten Wunsch auslösen, Kontakt mit Ihnen aufnehmen zu wollen.

Ihre Initiativbewerbung wird entweder dann erfolgreich sein, wenn sie beim potenziellen Arbeitgeber auf einen aktuellen Bedarf stößt, der sich genau mit Ihrem Arbeitsangebot deckt – z.B. ein Mitarbeiter fällt plötzlich aus, sei es infolge von Krankheit, Weggang etc. –, oder es entsteht ein personeller Mehrbedarf durch einen plötzlich erhöhten Arbeitsanfall, wie einen Großauftrag o. Ä. Die andere Möglichkeit: Es gelingt Ihnen, durch eine geschickte Präsentation Ihrer Fähigkeiten einen latenten bzw. neuen Bedarf überhaupt erst zu wecken.

Wenn auch eine Initiativbewerbung bei der Eroberung eines Arbeitsplatzes keine Wunderwaffe ist, so stellt doch die besonders hierbei notwendig werdende intensive Vorbereitung – insbesondere mit Fragen wie »Was für ein Mensch bin ich, was kann ich, was will ich und was ist möglich?« – eine gute Basis für einen soliden Erfolg dar.

Experten gehen übrigens davon aus, dass etwa 15–20 Prozent aller Arbeitsplätze über eine Initiativbewerbung »erobert« werden. Personalchefs interpretieren diese Form des Vorgehens als Hinweis auf eine starke Motivation und zielorientiertes, aktiv-dynamisches, erfolgsorientiertes Vorgehen. Logisch, dass solche Bewerber bevorzugt werden, wenn es die Stellensituation zulässt.

Hinzu kommt der positive Effekt, dass man mit seiner Initiativbewerbung keinesfalls einer von 100, 500 oder gar 1000 Bewerbern ist, die sich auf eine Stellenanzeige anbieten, sondern den Vorteil der Singularität genießt.

Neben der Recherche ist auch ein gekonnter Einsatz des Mediums Telefon ein wichtiges Erfolgskriterium. A und O bleibt aber die individualisierte, auf einen speziellen Arbeitgeber zugeschnittene Initiativbewerbung und nicht der Massenversand von monotonen Formschreiben; ein Vorgehen, das dann wirklich den Namen »Blindbewerbung« verdienen würde. Also nicht die Quantität, sondern die Qualität ist bei der IB entscheidend.

Ihr Stellengesuch

Ein eigenes Stellengesuch aufzugeben, ist die kürzeste Form der Bewerbung. Anders als bei dem üblichen Ritual Stellenangebotelesen/Bewerbungsmappeschicken treten Sie hier als Jobsucher unaufgefordert in Aktion. Wie Sie sich auf wenigen Zentimetern Platz wirkungsvoll präsentieren, erklären wir jetzt.

Wer in die Offensive geht und selbst ein Stellengesuch in die Zeitung setzt, signalisiert vorab bereits Leistungsbereitschaft und Motivation. Umso mehr überrascht es, dass die meisten Stellengesuche eintönig, geradezu langweilig und wenig aussagekräftig formuliert sind. Das, was die Inserenten ihren potenziellen Arbeitgebern in der Zeitung anbieten, bleibt oft farblos und austauschbar. Die Folge: Die Anzeige löst bei den meisten Personalentscheidern eher ein Achselzucken aus als den Wunsch, mit dem Stellensuchenden Kontakt aufzunehmen.

Zwei Bedingungen sollte Ihr Stellengesuch erfüllen:

1. Die Überschrift muss ihren Leser beim Überfliegen der Zeitungsseite anziehen, »fesseln« und neugierig machen.
2. Der gesamte Text muss eine hohe Zahl von relevanten Informationen transportieren und damit den Leser für Sie »erobern«.

Schön und gut, werden Sie jetzt sagen, aber: Wie geht das?

Anleitung in sechs Schritten:

Wie entwerfe ich ein wirkungsvolles Stellengesuch? Wer jetzt bereits Papier und Stift zur Hand genommen hat und auf die ersten Formulierungshilfen wartet, wird enttäuscht sein. Auch das Formulieren eines Stellengesuchs bedarf der ausführlichen Vorbereitung.

Schritt 1: Suchen Sie ein geeignetes Medium!
Zunächst einmal gehen Sie auf die Suche nach einer geeigneten Zeitung, einem geeigneten Magazin für Ihre Anzeige. Etwas typisiert gilt: Volks- und Betriebswirte, die sich überregional bewerben, wählen das *Handelsblatt*, Ingenieure die *VDI-Nachrichten*, Mediziner und Geisteswissenschaftler *Die Zeit*. Wer sich nur lokal umsehen möchte, ist in einer der großen regionalen Zeitungen (hier vor allem in den Wochenendausgaben) gut aufgehoben: *Berliner Morgenpost*, *Kölner Stadtanzeiger*, *Stuttgarter Zeitung*, *Hannoversche Allgemeine*, *Leipziger Volkszeitung* usw. Für den gesamten süddeutschen Raum ist besonders die *Süddeutsche Zeitung* zuständig. Führungskräfte, die mobil sind und Außergewöhnliches zu bieten haben, präsentieren sich auch in der *Frankfurter Allgemeinen Zeitung* oder in der *Welt*.

Auf eine ganz bestimmte Branche festgelegte Führungskräfte inserieren am besten in einem speziellen Fachmagazin, da dort die »Streuverluste« geringer ausfallen. Für die Werbebranche beispielsweise gilt *Werben & Verkaufen* als Pflichtlektüre, für Rechtsanwälte die *Neue Juristische Wochenschrift*. Wenn Sie nicht wissen, welcher Fachtitel für Sie geeignet ist, erkundigen Sie sich bei einem Fachmann aus der Branche.

Schritt 2: Nehmen Sie Stellengesuche wie -angebote im ausgewählten Medium gründlich unter die Lupe!
Zunächst einmal gilt es zu recherchieren, wer von Arbeitsplatzanbieterseite auf klassische Weise per Anzeige gesucht wird. Aus den darin sichtbar werdenden Anforderungsprofilen lässt sich viel lernen.

Dann untersuchen Sie sorgfältig das Umfeld für Ihr künftiges Stellengesuch. Dazu schauen Sie sich auch die Anzeigen anderer Jobsucher genau an. Beurteilen Sie die einzelnen Stellengesuche nach folgenden Kriterien:

- Was gefällt Ihnen spontan an der Anzeige und was nicht?
- Wird klar gesagt, was der Jobsucher zu bieten hat und was seine wichtigsten Qualifikationen sind?
- Geht aus dem Text eindeutig hervor, was der Inserent sucht?
- Werden Allgemeinplätze und Selbstverständlichkeiten vermieden?
- Ist die Anzeige insgesamt wirklich aussagekräftig?
- Würden Sie sich als Personalchef angesprochen fühlen?

Wenn Sie diese Fragen für jede der Anzeigen kurz beantworten, haben Sie schon eine Menge über Stellengesuche gelernt. Außerdem finden Sie auf diese Weise heraus, welche Fehler Sie bei Ihrer Anzeige vermeiden müssen, um sich positiv von Mitbewerbern abzuheben.

Schritt 3: Formulieren Sie einen Text mit konzentriertem Informationsgehalt!
Bevor Sie mit dem Texten anfangen, gilt es, drei Fragen zu beantworten:

- Was ist Ihr Kommunikationsziel?
- Welche Botschaften wollen Sie »rüberbringen«?
- Mit welchen Argumenten wollen Sie überzeugen?

Natürlich gibt es ihn nicht, den Königsweg der Formulierung. Ihr Text muss angemessen sein (sowohl dem, was Sie anbieten, als auch dem, was Sie suchen), gleichzeitig »wahr« und hochinformativ. Ihr Stellengesuch wird man ähnlich wie ein Arbeitszeugnis lesen: sehr gründlich und auch zwischen den Zeilen.

Folgende Angaben dienen lediglich als Eckwerte und nicht als feste Vorgabe. Ihr Text sollte enthalten:

- Ihre wichtigsten fachlichen Qualifikationen
- Ihre Schwerpunkte
- Ihre praktischen beruflichen Erfahrungen
- Ihre Erfolge
- eine präzise Angabe, was Sie suchen
- Ihr Alter und Geschlecht
- eine Angabe zu Ihrer Mobilität

Der Dreierschritt bei der Planung mit Kommunikationsziel, Botschaften und Argumenten ist ein ähnlich hilfreicher Leitfaden aus der Werbepsychologie, wie die Ihnen schon bekannte AIDA-Formel.

Noch ein Hinweis: Es erübrigt sich anzugeben, ob Sie sich in ungekündigter Stellung befinden oder warum Sie sich verändern möchten.

Für alle Formulierungen gilt: Seien Sie immer klar und verständlich, und wiederholen Sie nicht im Text, was bereits in der Überschrift steht (also z. B. nicht: Dipl.-Politologin, 35 J., weibl., mit abgeschlossenem Politikstudium). Erwähnen Sie keine Selbstverständlichkeiten wie »zuverlässig« oder »korrekt«. Sprechen Sie nicht von »neuen Wirkungskreisen« oder von »interessanten Aufgaben«. Niemand weiß, was darunter zu verstehen ist.

Alle Aussagen müssen spezifisch und präzise sein. Nennen Sie Ross und Reiter! Machen Sie eine klare Angabe zu der Stellung, die Sie suchen – auch, wenn Sie für viele Einsatzmöglichkeiten im Prinzip offen sind! Wer nicht genau weiß, was er eigentlich sucht, wird von den meisten Personalentscheidern nicht ernst genommen. Überlassen Sie es den Lesern, Ihnen möglicherweise ein berufsfremdes Angebot zu machen!

Schritt 4: Formulieren Sie eine Überschrift!
Die Überschrift ist der prominenteste Ort Ihrer Anzeige. Denken Sie daher bei der Formulierung nicht so sehr daran, was Sie suchen, sondern welche Qualifikation Sie anbieten. Nur wenn die Überschrift das Interesse eines Personalentscheiders weckt, wird er den übrigen Text überhaupt lesen. Gehen Sie also mit Ihren neu gewonnenen Erkenntnissen aus Schritt 2 und 3 an die Formulierung Ihrer persönlichen Werbebotschaft. Da Sie sich abheben wollen, müssen Sie spezifisch formulieren, zum Beispiel:

Volljuristin
Schwerpunkt Online-Recht

Jurist im Automobilkonzern

Betriebswirtin Controlling

Wie Sie sehen, muss es in der Überschrift gelingen, sich von anderen Inserenten abzusetzen, damit der Leser genau bei Ihrer Anzeige »hängen bleibt«. Aber bitte keine unseriösen Aufschneidereien, wie »Super-Nachwuchsmanager« oder »Voll-Profi«. Solche und andere wichtigtuerische Formulierungen verhelfen Ihnen allenfalls zu einem Heiterkeitserfolg.

Stöbern Sie stattdessen in Ihrem »Erfahrungshaushalt«, und fördern Sie etwas zu Tage, was für Ihren potenziellen Arbeitgeber von Bedeutung sein könnte. In jedem Fall muss die Überschrift grafisch vom Rest abgesetzt sein (Fettdruck / größerer Schriftgrad). Das kann man heutzutage am eigenen PC gut vorbereiten.

Eine Alternative: Um sich von anderen, sagen wir Maschinenbauern, abzuheben, ist es möglich, in der Überschrift einen angestrebten Arbeitsbereich anzugeben.

Beispiele:

Vertriebsingenieur
Dipl. Ing. Maschinenbau

oder

Qualitätsmanagement
Dipl. Ing. Elektrotechnik

Vermeiden Sie Abkürzungen, mit Ausnahme der üblichen: w. für weiblich, m. für männlich (falls das Geschlecht nicht schon aus der Überschrift hervorgeht), J. für Jahre bei der Altersangabe, Dipl. für Diplom und MA für Magister Artium. Andere Abkürzungen machen den Text schlecht lesbar und unverständlich.

Noch ein Tipp: Eigentlich ist es heute selbstverständlich, dass Arbeitslosigkeit kein Hinweis auf mangelnde Qualifikation oder fehlende Leistungsbereitschaft ist. Trotzdem sollten Sie den Ausdruck »arbeitslos« in Ihrem Stellengesuch vermeiden. Wenn man Sie bei der Kontaktaufnahme danach fragt, geben Sie an, dass Sie sich weiterbilden, freiberuflich tätig sind oder Ähnliches. Ebenso sind Angaben wie »suche dringend« oder »zum baldmöglichen Termin« zu vermeiden. Sie wollen doch nicht von vornherein Probleme bei der Arbeitsplatzsuche signalisieren.

Schritt 5: Versetzen Sie sich in die Lage eines Personalleiters, der am Wochenende beim Frühstück die Stellengesuche überfliegt!
Nehmen Sie nun noch einmal die Perspektive Ihrer Zielgruppe ein (Personalverantwortliche, Abteilungsleiter etc.). Dieser Personenkreis hat vor allem eins: wenig Zeit und wenig Geduld, sich mit nichts sagenden Stellengesuchen auseinanderzusetzen. Damit der Leser ausgerechnet an Ihrer Anzeige hängen bleibt, müssen Sie bei der Formulierung von Überschrift und Text diese anspruchsvolle Zielgruppe genau im Auge behalten. Prüfen Sie immer wieder: Wird meine Wortwahl einen Personalentscheider dazu bringen, mit mir Kontakt aufzunehmen?

Schritt 6: Zum Schluss
Die meisten Stellengesuche werden unter Chiffre aufgesetzt, um die Anonymität zu wahren (z. B. wegen noch bestehender Arbeitsverträge). Überlegen Sie, ob Sie es sich leisten können, Ihre Adresse anzugeben (inklusive bzw. alternativ nur Telefon- und Faxnummer, E-Mail-Adresse). Denken Sie daran: Sie müssen es dem Personalleiter so leicht und angenehm wie möglich machen, sich mit Ihnen in Verbindung zu setzen. Wenn der Personalchef spontan entscheidet, dass sich eine Kontaktaufnahme lohnen könnte, wird er eher zum Telefon oder Fax greifen, als seine Sekretärin damit zu beauftragen, Ihnen in den nächsten Tagen unter Chiffre eine Nachricht zukommen zu lassen. Noch einige Hinweise:

Gestaltung: Besprechen Sie mit der Anzeigenredaktion, welche zusätzlichen grafischen Gestaltungsmöglichkeiten zur Verfügung stehen. Ein doppelter Rahmen, ein fetter rechter Seitenrand, ein Raster im Texthintergrund (z. B. in Gestalt eines Pfeiles) sind wirkungsvolle »Hingucker«.

Größe: Ein zu kleines Stellengesuch signalisiert ebenso wie ein zu großes: Hier ist etwas nicht in Ordnung! Der Inserent unter- oder überschätzt sich! Wenn Sie sich ausführlich mit den Stellengesuchen der anderen Inserenten befasst haben, können Sie einschätzen, welche Größe für Sie infrage kommt. »Mit einem Umfang von 30–60 mm, zweispaltig, sollten Sie als qualifizierter Anbieter Ihrer Arbeitskraft richtig liegen«, so eine Anzeigenleiterin und Expertin in Sachen Stellengesuch. Und weiter: »Am wichtigsten ist eine schöne Schlagzeile, für die man mindestens den Raum von zwei Zeilen einrechnen sollte. Ein Rahmen macht optisch etwas her, allerdings darf die Anzeige auf keinen Fall gedrängt aussehen«.

Kosten: Als Faustregel für Ihren Anzeigenetat gilt, dass die Kosten in einer überregionalen Zeitung wenigstens etwa 1 Prozent Ihres anvisierten Jahresgehalts, regional etwas mehr als 0,5 Prozent, betragen sollten. Das gibt übrigens Spielraum für eine wiederholte Anzeige, denn nur einmal ist ja vielleicht nicht ausreichend.

Und zum Schluss: Ein eigenes Stellengesuch lässt sich nicht in zwanzig Minuten texten. Planen Sie lieber einen ganzen Nachmittag dafür ein. Lassen Sie den Entwurf über Nacht liegen, und sehen Sie ihn am nächsten Morgen an. Hält er Ihrem kritischen Blick stand? Dann legen Sie Ihre Anzeige noch einmal einer von Ihnen ausgewählten »Personalkommission« zur Beurteilung vor.

Wenn Ihnen diese Prozedur zu anstrengend ist, können Sie sich auch an einen professionellen Karriereberater wenden. Hier stehen Ihnen erfahrene Fachkräfte mit Rat und Tat zur Seite. In manchen Fällen übernimmt das Arbeitsamt sogar die Kosten für eine solche Anzeige.

Sobald Ihre Eigen-Anzeige erscheint, muss Ihre Bewerbungsmappe (Lebenslauf, Zeugniskopien etc.) fertig sein. So können Sie auf die hoffentlich zahlreich eingehenden Angebote schnell reagieren.

Zum Abschluss unseres Kurzkapitels zum Thema Stellengesuch hier zwei Beispiele:

Gerne auch auf Zeit
Projektmanager
Geschäftsführung/Verlag
Dipl.-Kfm. (53), langjährige Führungserfahrung
Schwerpunkte: Controlling / Rechnungswesen,
nachweislich erfolgreiches Finanzmanagement
auch in schwierigen Situationen # 53 – 0812 x

Engagierter Dipl.-Ing. (39 J.)
Maschinenbau FH
12 J. Erfahrung, Entwicklung u. Konstruktion
Schwerpunkte: Prüf- u. Werkzeugmaschinen,
CAD-Kenntnisse, 3D-Euklid, 2D-HP-KJO PC,
Engl., Frz., in ungekündigter Position,
sucht Leitungsposition in Automobilbranche
ab 1.4.03, Raum NRW, # 67-8767,
Berliner Nachrichten, Postf. 88, 12666 Berlin

Ihre Bewerbung und das Internet

Mittlerweile weiß jeder, was sich hinter den populären drei »W« verbirgt. Fast täglich hört man von neuen Wegen, das »Netz« zu nutzen: die Planung aufwendiger Reisen in ferne Länder, die Kontaktaufnahme zu Leuten im In- und Ausland, das stundenlange »Chatten« mit wildfremden Menschen oder das Einkaufen von Anrufbeantwortern, Blumen und Zeitungsabonnements. Warum also soll das World Wide Web nicht auch bei der Suche nach einer neuen beruflichen Herausforderung behilflich sein?

Überraschenderweise nutzen jedoch bislang noch relativ wenige Fach- und Führungskräfte das Internet für die erste Kontaktanbahnung in Sachen zukünftiger Job. Doch auch in der Bundesrepublik nutzen immer mehr Unternehmen nicht nur Printmedien, um ihre Stellenangebote zu veröffentlichen, sondern auch das Netz. Vor allem die Großunternehmen sind in dieser Beziehung vorne. Neben vielen nützlichen Informationen bieten Arbeitgeber auf ihren Internetseiten zunehmend auch die Möglichkeit an, vakante Stellen per Mausklick abzufragen. Zusätzlich inserieren viele Firmen in elektronischen Jobbörsen, die über die verschiedenen Internet-Browser angeboten werden.

So bietet das World Wide Web die Möglichkeit, bequem von zu Hause aus 24 Stunden täglich, 365 Tage im Jahr, nationale und internationale Stellenangebote in dem von Ihnen angestrebten Bereich abzurufen. Sie müssen also nicht mehr mühselig alle Anzeigen der Zeitungen durchforsten, um ein für Sie passendes Angebot zu finden. Stattdessen können Sie durch die Eingabe der entsprechenden Suchbegriffe ganz gezielt selektieren. Oft besteht sogar die Möglichkeit, sich mit Hilfe aufrufbarer Bewerbungsunterlagen direkt übers Netz bei der entsprechenden Firma zu bewerben und den Weg über die herkömmliche Post zu sparen.

Über das Internet können Sie auch direkt via E-Mail mit Ihrem potenziellen zukünftigen Arbeitgeber in Kontakt treten. Auf diese Weise erhalten Sie mehr Informationen über die ausgeschriebene Stelle oder stellen sich auf diesem eher informellen Weg schon einmal vor.

Es gibt also fünf Situationen, in denen Sie das Internet für Ihre Bewerbung gezielt nutzen sollten:

1. die Suche nach Informationen über Arbeitgeber
2. die Suche nach Stellenangeboten in Zeitungen
3. die Suche nach Stellenangeboten auf den Homepages der Firmen
4. die Suche in virtuellen Stellenbörsen
5. die elektronische Kontaktaufnahme

Im Folgenden beschreiben wir diese Situationen und geben genauere Informationen, wie das Internet Ihnen bei Ihrem Bewerbungsvorhaben weiterhelfen kann.

1. Die Suche nach Informationen über Arbeitgeber

Egal ob Sie dabei sind, Ihre Bewerbungsmappe zusammenzustellen, oder ob Sie bereits einen Termin zum Vorstellungsgespräch in der Tasche haben: Ihre erste Pflicht als Bewerber ist es, sich so viel wie möglich an Informationen über den jeweiligen Arbeitgeber zu besorgen.

Da Sie sich gezielt als optimaler »Problemlöser« für das Unternehmen profilieren wollen, müssen Sie zunächst wissen, wo denn genau diesen Arbeitgeber der Schuh drückt. Wenn ein Betrieb zum Beispiel dabei ist, neue Modelle der Gruppenarbeit in der Fertigung einzuführen, dann sollten Sie vor dem Zusammenstellen Ihrer Bewerbungsmappe noch einmal einen Blick auf Ihre Unterlagen zum Thema Arbeitswissenschaft werfen. Wenn Sie dagegen aus dem Netz erfahren, dass Ihr potenzieller Arbeitgeber große Projekte mit skandinavischen Firmen abwickelt, stellen Sie Ihr fließendes Norwegisch bei einer Bewerbung besonders in den Vordergrund.

Um das Internet als Quelle für Informationen über Unternehmen zu nutzen, reicht es meist aus, den Firmennamen auf folgende Weise einzugeben: *www.(Firmenname).de* für deutsche Firmen, bei US-amerikanischen benutzen Sie *www.(Firmenname).com* (*http://* am Anfang nicht vergessen!). Bei europäischen Unternehmen gelten die Endungen *.it* für Italien, *.uk* für Großbritannien, *.fr* für Frankreich, *.ch* für Schweiz und *.at* für Österreich.

Werden Sie auf diese Weise nicht fündig, so rufen Sie mit Hilfe des Buttons Suchen (Search) eine der Suchmaschinen auf. Die Gängigste ist Google, neben Yahoo, Excite, Lycos und Infoseek. Obwohl diese Suchmaschinen grundsätzlich Ähnliches zu Tage fördern, sind doch die meisten unterschiedlich organisiert und offerieren andere Wege zu den von Ihnen benötigten Informationen. Excite und Yahoo bieten z.B. schon auf der Startseite Rubriken wie Business, Travel oder auch Job und Karriere an. Diese können Sie zu Beginn aktivieren und damit Ihre Suche weiter spezifizieren.

Allerdings sollten Sie auf jeden Fall erst einmal die Suchhilfe, eine Art Bedienungsanleitung der jeweiligen Suchmaschine, durchlesen. Meist befindet sich direkt neben dem Suchfeld ein SeekHelp- oder Suchhilfe-Button, mit dem Sie praktische Tipps zur Vereinfachung Ihrer Suche aufrufen können. Das kostet Sie vielleicht anfänglich fünf Minuten Zeit, wird Ihnen aber letztlich viel Ärger und Mühe ersparen.

Nachdem Sie also Ihren Suchbegriff eingegeben haben, spuckt der Rechner eine ganze Reihe von Internet-Adressen aus, die in irgendeiner Form mit dem Suchbegriff zu tun haben. Diese Adressen sind zu den Seiten der Firmen »gelinkt«. Das bedeutet: Sie können durch Anklicken auf der Liste direkt zu den gesuchten Homepages gelangen. Dort finden Sie in der Regel bereits Informationen in Hülle und Fülle.

Diese Informationen sind nicht linear aufgebaut wie in einer Broschüre. Ein Printmedium gibt durch seinen Aufbau vor, in welcher Reihenfolge die Informationen vom Leser aufzunehmen sind. Auf den Seiten des Internets dagegen kann der Leser nach eigenem Gusto hin und her springen. Er kann mit der Suchfunktion des jeweiligen Unternehmens (falls vorhanden) Informationen gezielt und schnell auffinden und Querverweise nutzen. Sind Begriffe farblich abgesetzt, gelangt der Nutzer durch Anklicken dieser Links automatisch auf andere Seiten des Internets, beispielsweise auf die von Kooperationspartnern und Zulieferern des Unternehmens.

Ein Defizit muss allerdings angemerkt werden: Obwohl das Internet prinzipiell die Möglichkeit einer ständigen Aktualisierung der präsentierten Informationen bietet, verfügen viele Unternehmen nicht über eine adäquate Internetbetreuung. Das hängt möglicherweise damit zusammen, dass sich diese Art der Mitarbeiterrekrutierung noch nicht generell durchgesetzt hat. So nutzen bislang zwar circa 70 Prozent aller Großunternehmen das Internet zur Mitarbeitersuche, aber lediglich 40 Prozent der mittleren und 20 Prozent aller Kleinunternehmen.

2. Die Suche nach Stellenangeboten in Zeitungen

Auch auf den Webseiten der *Frankfurter Allgemeinen Zeitung*, der *Süddeutschen*, von *Handelsblatt* und *Zeit* finden sich Stellenangebote. Einige dieser Seiten machen von den technischen Möglichkeiten des Netzes Gebrauch und sind interaktiv gestaltet. Das bedeutet: Sie können sich von dort direkt auf die Seiten der inserierenden Firmen klicken. Im Allgemeinen übernehmen die Zeitungen aber lediglich ihre bereits gedruckten Anzeigen ins Internet.

Für Sie als Bewerber ist die Suche auf den Internetseiten der Zeitungen vor allem dann von Vorteil, wenn Sie sich in internationalen Publikationen oder mehreren Zeitungen gleichzeitig umsehen wollen. Sie ersparen sich damit den Weg zum Bahnhofskiosk. Achten Sie in jedem Fall darauf, wie aktuell die Anzeigen sind! Obwohl das Internet in der Theorie ein hochaktuelles Medium ist, sind die elektronischen Anzeigen der Zeitungen nicht immer »up to date«.

Die Internet-Adressen der jeweiligen Printmedien finden Sie in den Zeitungen selbst, meistens im Impressum. Sie können natürlich auch nach den elektronischen Adressen via Suchmaschine fahnden. Wenn Sie auf diese Weise auf der richtigen Homepage gelandet sind, klicken Sie sich von dort auf den Anzeigenmarkt weiter. Als Ausgangspunkt ist der Anzeigenmarkt der Wochenzeitung *Die Zeit* unter *www.jobs.zeit.de* zu empfehlen, da er übersichtlich organisiert ist und man von dort zu anderen Anzeigenmärkten gelangt.

Ein weiterer Tipp: Auch Fachzeitungen und -zeitschriften bieten Stelleninserate im Web an. Wenn Sie sich also in der günstigen Situation befinden, schon genau zu wissen, welchen Bereich Sie anstreben, suchen Sie auch in kleineren, möglicherweise hochspeziellen Fachpublikationen.

3. Die Suche nach Stellenangeboten auf den Homepages der Firmen

Viele Firmen unterhalten eigene Stellenmärkte. Das bedeutet: Sie können sich von der Homepage aus zu den Seiten klicken, auf denen die Firma bekannt gibt, welche Stellen zu besetzen sind. Dabei sollten Sie sich nicht von schönen Angeboten und großen Versprechungen überwältigen lassen, die Ihnen die Firmen dort machen. Schließlich geht es bei Stellenangeboten für Fach- und Führungskräfte immer auch ein bisschen um Imagepflege und das nach-außen-hin-Zeigen: Wir sind innovativ und so erfolgreich, dass wir auch mitten in der Rezession noch Leute einstellen. Mit der Realität hat das leider oft nur am Rande zu tun.

Wie bereits erwähnt, sind die Jobseiten der Firmen in einigen Fällen mit einer Funktion verknüpft, über die sich ein Bewerbungsformular aufrufen lässt. Mit dem entsprechenden Button holen Sie sich das Formular auf den Bildschirm, das Sie wie einen standardisierten Bewerbungsvordruck ausfüllen und via E-Mail zurückschicken.

Seien Sie allerdings gewarnt: Dieses automatisierte Auswahlverfahren kann recht brutal sein. So geben viele Firmen z. B. Auswahlkriterien ein, die Sie möglicherweise schnell herausfiltern. Sie werden dann postwendend mit einer Absage konfrontiert. Sind Sie trotzdem an dem ausgeschriebenen Job interessiert, hilft nur eins: Nehmen Sie herkömmliche Mittel und Wege in Anspruch, und greifen Sie zum Telefon. Die Kontaktadressen und Telefonnummern Ihrer Ansprechpartner sind gewöhnlich auf den jeweiligen Internetseiten angegeben.

4. Die Suche auf virtuellen Stellenbörsen

Unter etwa 200 Internet-Adressen veröffentlichen kommerzielle Anbieter Stellenangebote. Meist zahlen die Arbeitgeber einen gewissen Betrag, um ihr Angebot dort zu präsentieren. Als Bewerber können Sie in diesen virtuellen Arbeitsämtern ein für Sie passendes Angebot suchen

Viele dieser Jobbörsen bieten den Bewerbern gegen eine Gebühr an, ihre Lebensläufe aufzunehmen, sodass auch Arbeitgeber in Ruhe die Profile der einzelnen Bewerber studieren können. Ob das für Sie als Führungskraft unbedingt empfehlenswert ist, müssen Sie in aller Ruhe bedenken.

5. Die elektronische Kontaktaufnahme

Sie können zu dem Unternehmen Ihrer Wahl auch elektronischen Kontakt aufnehmen. Über alle Internet-Seiten verstreut finden Sie Kontaktbuttons, mit denen Sie eine Mail-Maske aufrufen und an den von Ihnen ausgesuchten Ansprechpartner eine Art elektronische Postkarte abschicken können.

Auf eines müssen Sie sich jedoch gefasst machen: Die Hemmschwelle vieler Mitarbeiter in traditionellen Unternehmen gegenüber dem Medium Internet ist immer noch hoch. Daher fragen viele Mitarbeiter ihre E-Mails erfahrungsgemäß nicht täglich ab – selbst wenn die Adresse auf der Visitenkarte vermerkt ist. Allerdings ist es nur eine Frage der Zeit, bis sich hier etwas ändert und die Technik voll akzeptiert wird. Lassen Sie sich deshalb nicht entmutigen, wenn auf Ihre E-Mail nicht sofort geantwortet wird!

Sehen Sie das Internet einfach als eine weitere, aber eben nicht ausschließliche Möglichkeit der Kontaktaufnahme an. Falls Sie keine Antwort bekommen, greifen Sie auf die traditionellen Kommunikationsmittel mit Telefonhörer und Briefmarke zurück.

Eine Ausnahme bildet – wenig überraschend – die Computer- und Multimediabranche. Dort wird heutzutage oft die gesamte Kommunikation übers Netz abgewickelt. Was bedeutet, dass Sie sich mit dem Medium schnellstens vertraut machen sollten, falls Sie einen Job in diesem Bereich anstreben.

Die wichtigsten Adressen für die nationale und internationale Stellensuche

Die wichtigsten Online-Stellenbörsen

Die alte Trias

- *www.monster.de*: weltweit über 1.000.000 Stellenangebote
- *www.jobpilot.de* (auch *www.job.de*): 46.000 Stellenangebote
- *www.stepstone.de*: nur noch 7.500 Stellenangebote

Diese drei bieten ein ähnlich umfangreiches Leistungsangebot mit E-Mail-Service fürs passende Stellenangebot, der Möglichkeit Lebensläufe anzulegen, etc. an. Deutlich geschwächt ist die Position des schwedischen Unternehmens *www.stepstone.de.*

Überwiegend werden auf diesem Wege weiterhin Fach- und Führungskräfte, Jungakademiker und Bürokräfte aller Branchen rekrutiert. Aber auch das kann sich schnell ändern.

Die »jungen Wilden«

- *www.wwj.de* – world wide jobs: 117.000 Stellenangebote – überwiegend im Fach- und Führungskräftebereich
- *www.jobscout24.de* – 14.702 Stellenangebote – die Scouts haben deutlich Boden gut gemacht, doch das Service-Angebot sowie die Programmierung der Suchmaschine lässt immer noch zu wünschen übrig

Der Klassiker

- *www.arbeitsamt.de* – Hier gibt es Stellenangebote für alle, die Datenbank ist jedoch unkomfortabel; die Suche per Stichwort ist immer noch recht unerfreulich

Die wichtigsten Jobsuchmaschinen (Meta Crawler)

- Der Zeit-Robot: *www.zeit.de*
- Evita: *www.jobworld.de*
- *www.jobrobot.de*

Die Suchmaschinen »durchkämmen« bestimmte Plattformen von Medien, virtuellen Stellenbörsen etc.

→ Vorteil: Auf einen Blick zusammengestellt erhält der User die (vermeintlich) wichtigsten Adressen.
→ Nachteil: Mehrfachnennungen machen das Durchsehen der Angebot teilweise ermüdend.
→ Sowohl der Zeit-Robot als auch die Suchmaschine von Evita durchkämmen identische Plattformen.

Die Printmedien im Internet

Um den Anzeigeneinbrüchen bei Stellenangeboten und Stellengesuchen in den Printmedien entgegenzuwirken, bieten alle wichtigen überregionalen wie regionalen Tageszeitungen und Fachjournale auch eine Online-Veröffentlichung an.

Das heißt, sowohl die Stellenangebote der *FAZ*, der *Süddeutschen Zeitung*, des *Handelsblatts*, als auch des *Tagesspiegels* sind in aller Regel spätestens am Montag nach der Veröffentlich im Internet abrufbar.